图解版 奇异大探索系列

TU JIE BAN QI YI DA TAN SUO XI LIE

奇幻自然

腾翔/编著

U0288519

CFP 中国电影出版社

图书在版编目（CIP）数据

奇幻自然/腾翔编著． —— 北京：中国电影出版社，2014.2

（图解版奇异大探索系列）

ISBN 978-7-106-03822-9

Ⅰ．①奇…　Ⅱ．①腾…　Ⅲ．①自然科学—少儿读物

Ⅳ．①N49

中国版本图书馆CIP数据核字（2013）第307310号

责任编辑	刘　刚　纵华跃
策 划 人	于秀娟
责任印制	庞敬峰
设计制作	北京腾翔文化
图片授权	北京全景视觉网络科技有限公司
	北京图为媒网络科技有限公司

—— 图解版奇异大探索系列 ——

奇幻自然

腾翔/编著

出版发行	中国电影出版社（北京北三环东路22号）　　邮编100013
	电话：64296664（总编室）　　64216278（发行部）
	64296742（读者服务部）　　E-mail：cfpygb@126.com
经　　销	新华书店
印　　制	北京睿特印刷大兴一分厂
版　　次	2014年2月第1版　　2014年2月第1次印刷
规　　格	开本/787毫米×1092毫米　　1/16　印张/10
书　　号	ISBN 978-7-106-03822-9/N·0004
定　　价	19.50元

前 言

　　这是一个精彩纷呈的世界，浩瀚的宇宙引人遐思，壮观的山河震撼心灵，娇艳的花朵点缀着自然的每一个角落，可爱的动物又让人类不再孤单，而我们的孩子则无忧无虑地生活在这个五彩缤纷的世界上，呼吸着新鲜的空气，享受着科技带来的便利，与动物为伴，在歌声中快乐地成长。

　　然而，孩子们的小脑瓜可是不会闲着的。伴随着年龄的增长，他们脑子里的疑问也会越来越多：宇宙是什么样子的？地球上的山河是怎么形成的？千奇百怪的动物是怎么生活的？谁创造了艺术，又是谁把它发扬光大呢？

　　为了解决孩子们的疑问，同时也为了开拓他们的视野，增长知识，我们特意编写了这套《图解版奇异大探索系列》，将孩子们最想知道的知识编入《奇幻自然》《奇妙生物》《奇趣科技》《奇观异俗》《奇彩文化》《奇绚艺术》《奇瀚宇宙》《奇奥恐龙》等八本书中，用大量精美绝伦的图片和简洁生动的文字，为他们打开通往知识世界的大门，插上通往理想天空的翅膀，任其自由徜徉在科学的海洋。

　　由于时间仓促，编写疏漏之处，敬请指正。

编者

奇幻自然
目录

地球的外部圈层

地形地貌

地球与人

地球是太阳系中一颗美丽的星球，这里也是人类的家乡。你了解我们的地球吗？让我们带你走进这丰富多彩的地球村，一起去探究地球的身世吧。

奇幻自然
地球的身世

我们的地球

我们居住的地球是太阳系八大行星之一，它是太阳系自中心向外的第三颗行星。在太阳系的行星家族中，地球是最适合生命生存和发展的星球，在这里有丰富的水源、肥沃的土壤、茂密的森林和充足的氧气，这些得天独厚的条件都是其他行星所无法匹敌的。

公转

地球绕太阳的运动叫作公转。

地球绕太阳公转的轨道是一个近似正圆的椭圆形，太阳处于椭圆轨道的其中一个焦点之上。

公转周期

公转周期是地球围绕太阳旋转一周所需要的时间。

▲ 地球的公转产生了季节的更替

地球距太阳的平均距离约在1.49×10^8千米。

地球绕太阳的公转角速度平均约为59′08″/天。

地球绕太阳的公转线速度平均约为29.8千米/秒。

地球绕太阳公转一周的时间约为365.256天，也就是我们通常所说的1年365天。

地球自转一周的时间约为23小时56分4秒，也就是我们通常所说的1天24小时。

近日点和远日点

近日点和远日点是指地球轨道上，地球距离太阳所在焦点最近和最远的两点，位于椭圆长轴的两端。

每年的1月3日左右，地球会运行到近日点，这时日地距离约为14710万千米。

每年的7月3日左右，地球又会绕到远日点，此时日地距离约为15210万千米。

地球的形状

地球本身并不像我们想象的是一个标准的球体，它其实是一个扁率不大的三轴椭球体。整个地球从外部看去赤道突出，南北两极略扁。地球自身具有圈层构造，球体的固体成分主要是由地壳、地幔、地核组成；地球的外部环境包括：水圈、生物圈和大气圈。

地球的固体部分具有重力、密度、压力、地磁、弹性和地热等物理性质。地球的每个部分化学元素的种类和数量都各不相同。

▲ 在太空中拍摄到的地球欧洲部分

地球的运动

地球的运动是多种形式的综合运动，它不仅围绕太阳为圆心做公转运动，而且还在永不停息地绕地轴做自转运动。

黄赤交角

黄赤交角指赤道面与黄道面的交角，约为23°26′。

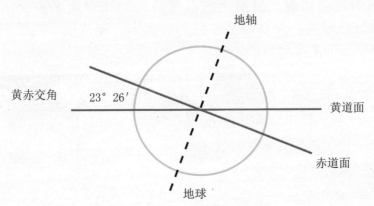

地轴

地球自转是一个典型的绕轴运动，这个轴就叫作地轴。在地球的球体上下顶端两极的连线就是地球自转无形的地轴。

地球绕太阳公转的轨道面称为黄道面。

地心与地轴垂直的面叫作赤道面。

地球在太阳系八大行星中的体积属中等，体积大概有10830亿立方千米。地球的外部被气体包围，这层厚厚的气体圈层叫作大气层。在地球的表面还有一个重要的圈层——水圈，整个地球正是有了大气圈和水圈的维护，所有生命才能够有良好的环境生存和发展。

地球当初形成之前是一个大火球，后来随着气温的频繁变化，温度逐渐下降，质量较重的物质就相继都沉积到了地下，形成了地核。相对较轻的物质浮在地球的表面，冷却后就形成了地壳。

▲ 在太空中拍摄到的地球亚洲部分

原始地球

　　在距今45亿年前，地球就已经基本上具备了现在这样的体积规模。在原始的地球上是没有大气层的，强烈的太阳光直接照射在地球表面，所以也就不可能有海洋的存在，如果有也早就被蒸发了。

　　在随后的几亿年间，没有大气层保护的地球遭受了多次小行星的撞击。由于地壳比较薄，无法经受住强烈的撞击，造成地球内部的岩浆不断涌出，火山喷发现象十分普遍。

▲　地球形成的几个阶段

▼　在地球形成过程中，陨石撞击地球留下的陨石坑

原始地球与现在生机勃勃的地球截然不同，它的温度很高，天空中要么是赤日炎炎，要么是电闪雷鸣，偶尔会有陨石落下，重重地在地面砸下一个大大的坑；地面上也不太平，火山喷发如同家常便饭，岩浆横流，几乎没有立足之地。此外，由于火山喷发，大量水蒸气、氢气、氨、甲烷、二氧化碳、硫化氢等气体被喷出，那时候的地球总是散发着一股怪怪的味道。

▼　充满勃勃生机的地球

地磁场

地球周围存在的磁场叫作地磁场。

地球的磁场是近似于一个放置地心的磁棒所产生的磁场。它有两个极，即N极、S极。N极位于地球北极，S极位于地球南极。两个磁极与地理两极位置相近但不重合。地磁场的强度是具有大小和方向的。

科学家经过研究发现，地球的磁场每过几百万年就要调换一次方向，也就是说现在的南北两极相互颠倒位置，南极就变成了将来的北极，北极就变成了将来的南极。

▼ 根据科学家的推论，几百万年以后，现在的南极大陆将变成地球的北极，那里的生物种类也将发生很大的变化

地球重力场

地球的重力场指的是地球表面以及周围重力作用的空间。在这个重力空间内，其中任意一点既受到地球质量所产生的引力作用，又受到地球自转的离心力作用，这两种力的合力叫作地球的重力。重力的方向总是与等位面垂直的。

▼ 地球的万物均受到重力场的作用

地球上任意一点重力场与正常场之间的差异就是重力异常场。由于地球质量分布不均，整个球体呈一个略扁的椭球体，这样就导致了这种差异的产生。

什么叫作水准面呢？正常的重力等位面是椭球面，也就是我们所说的水准面，与平均海平面重合的面就是大地水准面。

所以重力场的研究与大地测量学是紧密相连的，不论是在空间科学还是在地质勘探和科学考察中，地球的重力场都是不可忽视的重要因素。

地球的演化

地球的演化与太阳系的成因有着密切的关系，众多的太阳系成因假说当中趋向于两种说法：

1. 他们认为原始地球是炙热的，后来随着地壳层冷凝成为固体后，地球上的大部分热量也就逐渐散失，只有地球的内部还保存着余热。

2. 另一种观点认为原始地球是冰冷的，在演化过程中逐渐变热起来。

虽然两种说法大相径庭，但是我们不难看出，了解地球的演化过程是不能脱离地球内热演化的。

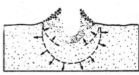

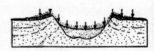

陨石撞击作用示意图

关于地球内部热源形成的3种说法

1. 与小行星撞击产生的热能

这种热能也许是地球形成初期的最为主要的热源了。在太空中的小型天体撞击地球的同时，尘埃碎片的摩擦和碰撞的巨大动能转换成为热能。一部分分散到宇宙中，另一部分就在地球上保存了下来。

◀ 著名的美国亚利桑那州巴林杰陨石坑，直径1245米，深172米。据推测它是大约2万年前由一个直径约60多米、重10多万吨的铁陨石以每秒20千米左右的速度撞击而成的。目前世界上已发现了150多个陨石坑

2. 压缩导致温度升高

地球在演变过程中体积逐渐变小，这样地球内部的压力也就越来越大，重力压缩的后果就是使地球内部的温度急剧升高。

在地球形成最初的10亿年中，在内部深度400~800千米的范围内温度已经达到了铁的熔点。

3. 地壳内放射性元素的蜕变生热

地球内部的U、Th、K等放射性元素在蜕变过程中释放出大量的热能，在地下长期的积累当中，使地球逐渐升温。而这种热能的积累远远大于散热，所以绝大部分的能量都能保存下来，它是内热演化中最为重要的一个过程。

想象中行星撞击地球的情景

地球的年龄

地球全景图

　　每个人都有自己的年龄，年龄是生命生长历程的真实写照。地球同我们一样也有自己的年龄，你知道地球到底有多大了吗？你又知道地球的年龄是怎么计算出来的吗？

　　据科学家推测，我们的地球自从诞生之日起到今天至少有46亿年的历史了。

　　一听上去，是不是觉得没法理解这么一个庞大的数字。人类的寿命能够达到100岁以上就已经算是很高了，而地球这位老寿星都已经是46亿年的高龄了，虽然它的岁数很大，但是依然保持着旺盛的生命力，在太阳系的行星家族中显示着生生不息的活力。

◀ 人类短短几十年的寿命跟地球的年龄比起来实在是微不足道，但是，人类却不断地在有生之年创造辉煌的文明，此为中古世界七大奇迹之一的万里长城

地球的引力

　　地球任何角落的物质，在大气层之内都会因受到地球的吸引而产生重力。正是因为受到地球的引力，所有物质在地球不断的公转与自转过程中才不会飞出地球。

　　但是当人离开地球，到了太空，地球对他们的引力就会逐渐地减小，形成了一种适中的状态。这就是我们经常看到，电视中宇航船内的宇航员无法自己站立在船舱内，只能随意地漂浮在空中的原因了。

◀　人造火箭的飞行速度只有达到7.9千米/秒时，才能够挣脱强大的地球引力的束缚

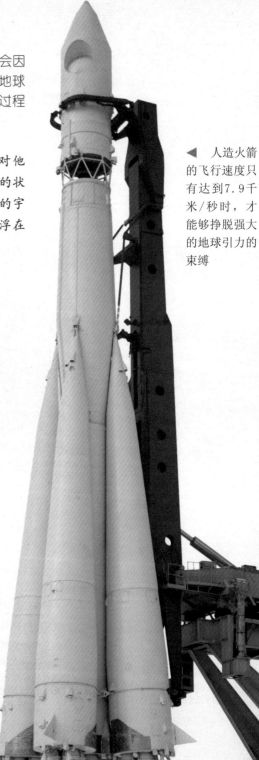

▲　在太空里处于失重状态的宇航员

化石

　　化石就是在地层中的古生物遗体和遗迹。

　　在地层的层序中，能够区分同一地区相互叠置在一起的地层的新老关系，要想对不同地层的新老关系做一个比较，就只有依靠化石了。在地质学中，科学家经常通过研究保存在地层中的生物化石来得出结论。

　　它们一般在地球演变过程中被钙化和硅化，科学家不仅能够利用化石研究不同地质时代的地质情况，还可以根据古生物化石进一步推测出当时的生物环境以及生物进化的阶段历程。

▲　袋狼化石

▲　不同种类的化石

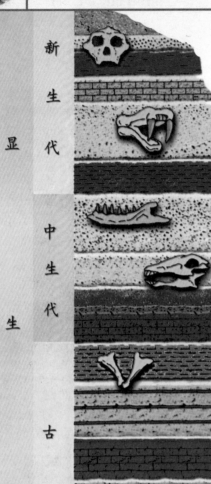

新生代

中生代

古生代

显生宙

生

宙

隐生宙

前寒武纪

地质年代

　　地球在46亿年形成和发展的漫长历程中，留下了内容丰富的大自然演变的记录，每一个历史阶段都有自己特有的地层特征，这就是研究地球科学常说的地质年代。

地质年代的单位

　　根据地质年代所发生的阶段级次关系，在地质年代表中划分出了相应的不同级别的地质年代单位，最主要的有宙、代、纪、世四级年代单位。

　　宙：最大一级的地质年代单位，它是反映全球性的无机界和生物界重大变化的阶段。每宙的演化时间在5亿年以上。

　　代：反映全球性的无机界和生物界明显变化的阶段。每代的演化时间在5000万年以上。

　　纪：反映全球性生物界的明显变化和区域性无机物演化的阶段。每纪的演化时间在200万年以上。

　　世：反映全球性生物界中的"科"、"属"一定变化的阶段。

▲ 海洋鱼类化石

地质年代的划分

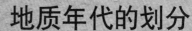

地质学家根据放射性同位素测定法可以测定出各个地层的年龄。通过对地层年龄以及生物进化的研究，人们将地球的历史分为不同的年代，即地质年代。

按照地质年代的长短，科学家将地层分为6个阶段：

1. 远太古代
2. 太古代
3. 元古代
4. 古生代
5. 中生代
6. 新生代

▲ 史前虾化石

▲ 史前鱼化石

▲ 霸王龙骨架化石

◀ 史前鱼化石

023

远太古代、太古代和元古代为地球发展的初级阶段，是生命诞生和孕育的时期。

到了古生代，植物逐渐由海生发展到陆生，出现了生物进化史上陆生植物的第一次大繁荣；地球上也诞生了无脊椎动物，并且海中的无脊椎动物已经完成了从无脊椎动物到脊椎动物的进化。

▶ 恐龙蛋化石

▶ 始祖鸟

到了古生代后期，众多的海生动物已经开始陆续出现，随后出现了最初的爬行动物和两栖动物。

中生代和新生代是地球生物界空前繁盛的时期，不仅陆生植物种类繁多，而且像鱼龙、始祖鸟等大型动物也相继出现在地球上。在中生代的所有动物中，崛起的恐龙是最为凶猛的霸王，它曾经统治地球达1亿多年。

▲ 三角恐龙头骨化石

蜥蜴化石 ▶

▲ 菊石化石

三次大冰期

三次大冰期并不是我们感觉上想到的冰天雪地，也不是像极地那样全球都处于一个白色的世界。我们这里所说的三次大冰期是指在地球历史上发生的全球性气温急剧下降，冰川大部分覆盖陆地面积，地球的气候条件相当寒冷和恶劣的时期。

在地球发展的46亿年中，一共遭受了3次大冰期，它们分别是：

1. 元古代的震旦纪大冰期
2. 古生代的石碳—二叠纪大冰期
3. 新生代的第四纪大冰期

1.元古代的震旦纪大冰期

在距今7亿年前，地球的很多地方都被厚厚的冰层覆盖着，其中最厚的冰层达到上千米。如今的非洲大陆和我国的长江中下游地区，在当时都是一片白雪皑皑的雪原。

2.古生代的石碳—二叠纪大冰期

此次大冰期出现在距今约2亿年前，主要遭受袭击的是南半球。直到现在，我们还可以在南美洲以及非洲南部的部分地区看到当时冰川运动的痕迹。

3.新生代的第四纪大冰期

这次大冰期是所有冰期中发生情况最为复杂的一次。整个冰期过程波及到整个地球。炎热的赤道地区和较高的山地都没有逃过侵袭，到处都可看到冰川的运动。

后来冰川运动逐渐减慢，大块的冰川都向高纬度的两极地区移动，全球气温逐渐升高；随后绿色植物逐渐萌生，动物也开始活跃起来。

在我们的脚下，除了我们所能看到的大地，还有许多不曾了解的东西。地球的内部到底是什么样子的？它们对我们生活的地球又起着什么作用？在下面的文字中你将找到答案。

奇幻自然

地球的内部圈层

地球内部地质

地球内部的主要物理性质

在地球内部，主要存在着下面这些物理性质：密度、压力、重力、温度和磁性等。

炽热的岩浆像瀑布一样流入海洋 ▶

密度

目前地质学家的考察，主要是依靠地球的平均密度、地震波的传播速度、地球的转动惯性及万有引力等方面的数据。通过综合计算得出地球内部的密度约为2.7克/立方厘米，向地心逐渐增加到12.51克/立方厘米，而且在某些不连续面处有明显的跳跃。

▼ 散发着热气的温泉

温度

　　许多生活中的事实告诉我们，地球的内部一定是热的，因为无论是地下的矿井，还是从火山喷出的岩浆都是炙热的，温度在地球内部的分布情况叫作地温场。

间歇泉 ▶

外热层

　　地壳的表层由于经常有太阳的辐射，所以温度也随之有季节和昼夜的周期变化，这一层我们称作外热层。外热层主要受地表温度变化的影响，由表面向地心部逐渐减弱。

▼　温度会随着季节的交替而改变

常温层

外热层的下界处，温度常年保持不变，等于或是高于地表温度。这一层我们称之为常温层。

地热

地热是由于地质构造的特殊性造成的一种新型的清洁能源，地热可以为医疗、工业、农业等行业提供更好的能源。

土耳其棉花堡温泉

压力

这里所指的压力主要是由于地球内部不同深度单位面积上的压力，也就是压强。

在我们的脚下，地球内部的某一点，来自周围各个方向的压力大致相等，这里的压力大小主要和受力面上的重量成正比。所以地球内部的压力总是随深度的增加而增大的。

▼ 地球通常通过火山爆发和地震来释放内部的压力

地壳

　　地球的内部基本上可以分为三层：地壳、地幔和地核。地壳是地球上最表面的一层介质，如果将地球比作鸡蛋的话，那么地壳就是鸡蛋的蛋壳，地幔就好比蛋清，地核就是蛋黄。

　　地壳是地球的一层坚硬的盔甲，它主要是由许多种类的固状岩石组成的，也就是我们通常讲到的岩石圈。地壳的厚度大概在几千米左右，但是也不是地球上所有地方的地壳厚度都相同。

地壳中化学元素的分布

　　据考察，在地球的地壳中约有92种化学元素存在，这些元素的分布和数量都是各不相同的。分布不均匀主要表现在同一种元素在不同地区的地壳中含量的差别；而数量分布不均匀主要指的是不同元素在地壳中所含百分比的不同。

地球内部圈层分布图

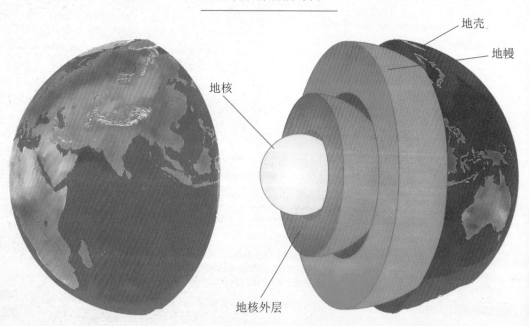

地壳

地幔

地核

地核外层

地壳的类型

地壳的横向变化很明显，根据地壳物质的组成、结构及形成的特征，我们主要将地壳分为两大类：大洋地壳和大陆地壳。

1. 大洋地壳

大洋地壳主要分布在大陆坡以外的海水较深的大洋地区。

通常大洋地壳比较薄，约在5～10千米厚。它的厚度变化不大，物质成分主要是基性岩。大洋地壳的形成年代较晚，大约在2亿年前。

大洋地壳分为3层：沉积层、玄武岩层、大洋层。

2. 大陆地壳

大陆地壳主要分布在大陆以及毗邻的大陆架、大陆坡附近。

大陆地壳比较厚，平均可以达到30千米以上，较薄一点儿的地区也有20多千米。大陆地壳的结构在横向上有明显的不均一性。

大陆地壳从上到下分为3层：上地壳、中地壳、下地壳。

地幔

地幔是夹在地壳和地核之间的部分，直到地壳2900千米以下的地区。

地幔主要指的是球内莫霍面以下古登堡面以上的部分。地幔主要分成上地幔和下地幔两个部分。地幔的组成有以下几种元素：46％的橄榄石、25％的辉石、12％的铁镍石、11％的斜长石。

科学家经过研究，推测出地幔下部就是滚滚的岩浆，那里的温度至少可以达到1200℃。岩浆喷出来就会形成火山的爆发。而地幔的上部基本上温度不高，那里主要是由固态的岩石组成，它们和地壳一起构成了地球的岩石圈。

▲ 炽热的岩浆

软流层

在上地幔上部大约60~250千米的范围内，存在着一个不连续的低速带，这里地震波的传播速度明显减慢。科学家根据地震波速度的变化特点推断，低速带的岩石群具有很强的可塑性，所以称之为软流层。

◀ 软流层是岩浆的主要发源地

软流层处在岩石圈的下面，而且软流层的温度相对于其他层是比较高的；这一层的介质可塑性比较强，可以相对容易地进行移动，这些对于解释构造运动以及板块的移动、极移等现象都有极其重要的意义。

软流层以上的部分称作盖层，上地幔下部的地震波和密度都随之增加。下地幔的地震波速平稳加强。密度的增加能够用物质在高压下被压缩来解释，也有种说法是因为其中铁的含量比较多所致。

地核

　　地核是地球内部的"心脏"，地球内部从古登堡面到地心的部分就是地核，它也是地球最中心的部位。地核的体积占地球总体积的16.2%，虽然它并不是很大，但是它的质量确实高得惊人，能够占到地球总质量的1/3左右。地核的密度大约有9.98～12.51克/立方厘米。地核从结构上分为外核和内核两部分。

外核

　　据科学家研究推测，外核是液态圈层。主要是由液态金属（例如：铁）以及少量的镍元素组合而成，圈层的温度将近4000℃。

地核 ————

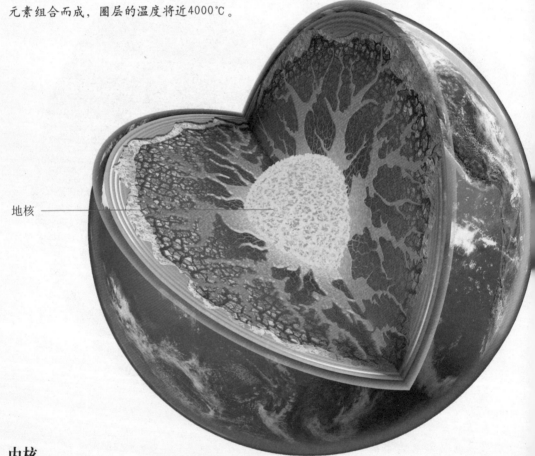

内核

　　这个部分是由铁镍合金组合而成，并且内部的压力极大。相对于外核，内核的温度要高得多，内核的温度可以达到4000℃以上。有人会想：连坚硬、密度很高的金属都已经液态了，那么内核也不是一个硬核状的固体，而是以液态的形式存在的。事实上，即使是在这么高的温度下，内核依然处于固体状态。

地核能够测出横波和纵波，研究发现，当纵波进入到内核时会转化为横波，而等到横波传播出地核后，它又会变回纵波。这一现象不仅为我们描述了地核内部波的传播形式，而且证明了地核的内核确实为固体状态。

地核根据地震波的波速变化，可以分为三个层面：

1. 外核：地球内部层面从2885～4170千米的部分是地核的外部层面，我们称之为外核。

2. 过渡层：过渡层指的是4170～5155千米的地核圈层部分。

3. 内核：从5155千米一直延伸到地心的部分叫作内核。

▲ 地核温度很高，即使最坚硬的金刚石，也会被溶解成液体

地核主要由铁和镍组成

岩石圈

地壳中的岩石有很多种类，但能够组成岩石的矿物质只有20多种。

岩石层指的是由各种岩石组成地球表层的固体硬壳，厚度大约在60～120千米，其中包括地壳的全部以及地幔以上的部分。

岩石

岩石就是天然形成的、由固状矿石或是岩屑组成的集合体。

1. 岩石可以是由一种矿物组成的单矿物岩石。例如：大理石主要是由方解石组成。

2. 岩石也可以是由好几种矿物结合在一起而成的复合型岩石。例如：花岗岩是由长石、石英和云母等矿物组成。

3. 岩石也可以是由岩屑组成。岩屑就是原来的岩石，经过风化或是其他原因破碎后的碎片，通常一个岩屑中会含有多种矿物的颗粒。

岩石的成分和结构

虽然地壳中的岩石很多，类型也是多种多样，但是它们的矿物成分并不是随意组合就可以成为一种岩石的。它们的结合是受地质作用特有规律所支配的。不同的岩石都有自己特有的构造和结构特点，而这些特点也正是研究和鉴别岩石的主要依据。

▲　变质云母岩

岩石的矿物成分

不同的岩石会有不同的矿物组成方式，这是地质作用自然选择的结果。

岩石的构造

岩石的构造指的是岩石中的矿物或是岩屑颗粒，在空间上的分布和排列方式的特点。

地壳中的岩石类型

根据岩石的形成原因，人们将地壳中的岩石分为：岩浆岩、沉积岩和变质岩。

岩石的结构

岩石的结构就是组成岩石的矿物或是岩屑的结晶程度、颗粒的大小以及形状和相互关系。

▼ 变质铁矿石

地表地质

地台

地台是大陆的一部分，上面覆盖着水平或是倾斜的岩层，倾斜的角度不高；下面是伏岩层，那里埋着不同时代形成的结晶基底。

地台也是一种大地构造单元，并且具有双层构造。当地台形成之后主要是以升降运动为主，但是在过程中升降的幅度不大，频率也不高。所以，沉积盖层相对较薄，岩层的厚度和岩相相对稳定，构造的变动和岩浆运动不强烈，与其他部分相比，这里是地壳中运动较为平缓的部分。

地盾

地盾是一个大地构造学的名称。它主要指的是克拉通（即大陆地壳中长期不受造山运动影响，只受造陆运动影响发生过变形的相对稳定部分）或是地台中有大面积的古老基地岩石露出的地区。

地盾主要具有平缓的凸面，而且被有盖层的地台所环绕。地台由于长期稳定地隆起，一直遭受侵蚀而缺少盖层，或是仅仅在局部的凹陷中有薄的盖层沉积。

地台与地盾的差别

地台是由盖层和基底层构成的双层结构；而地盾是由基底组成的，全部为前寒武纪的岩石。

地槽

地槽处于相对稳定的地区或是克拉通之间，也有可能处于活动时的大陆与大洋盆地之间。

地槽也是大地构造单元，地槽的沉降和接受沉积及火山活动的时间比较长，其中的浅海相火山岩及沉积岩可达数千米厚。

▲ 地槽具有成矿专属性，铜、铁、钨、锡、铬、镍等矿石多见于地槽

褶皱

和我们人类一样，地球在漫长的生长历程中所经历的风霜雨雪，都会留下岁月的皱纹。褶皱是地球在数亿年的演化过程中留下的痕迹。

地壳中的岩石在形成初期都是水平的，后来由于受到了地壳运动水平方向的挤压，渐渐地变形弯曲，有些是向上弯曲，有些是向下弯曲，连续的弯曲使地形逐渐变成了一系列连续波形起伏的弯曲变形，我们将这一现象叫作褶皱。

连绵起伏的丘陵 ▶

褶皱的基本类型

褶皱的类型很多，各种类型所表现出来的形态也各不相同。根据它们外形的基本状态，我们将褶皱分为向斜和背斜两种。

通常背斜褶皱会在形态上弯曲变成山岭，而向斜褶皱向下弯曲变成山谷。在大自然中，还有许多地质作用影响地形地貌，由于外力的侵蚀作用和沉积作用，向斜常常沉积成山地，在地质学上，这种现象被称作"地形倒置"。

断裂

地壳岩层本身的承重是有一定限度的，随着地壳运动的挤压和张力作用，压力逐渐超出了岩层所能承载的限度，岩层中相对脆弱的部分就会突然破裂，我们称这种地质作用为断裂。破裂处周围的岩层会产生一定的位移和错动，从而形成断层。

造山带

造山带是一个大地构造单元，它发展的初期主要是活动带和地槽，当遭受到构造变动或是造山运动之后上升成为山脉。在构造运动中，地壳的上部会遭受强烈的褶皱和其他地质作用，并且在变动中有强烈的变形发生。

造山带6种特征标志

1.造山带是地壳的缩短带。造山带的地壳缩短可以由挤压作用直接产生，也可以由斜向走滑作用衍生。

2.造山带广泛发育塑性流动、韧性剪切、褶皱、冲断和剪压构造带。早期造山作用和褶皱作用有相通的意思，现在看来褶皱和冲断推覆构造的发育程度仍然是造山带和克拉通地区的主要宏观构造区别之一。

3.造山带有广泛的变质作用发生，岩石组构发生改变。

4.造山带有强烈的中酸性岩浆活动，有广泛的热参与。

5.造山带沉积以非史密斯地层为主。较大规模的造山带通常有蛇绿混杂岩带存在。

6.地壳中参与造山作用的主体是硅铝层陆壳物质，洋壳物质以残留体形式存在，在整个造山带中所占的比例很小。

地球外部地质作用

地质作用

　　地质学上把自然界中引起地壳或是岩石圈的物质组成、结构、构造以及地表形态等其他不断发生变化的各种作用，称为地质作用。

　　地质作用永不停息地破坏着地壳或岩石圈中原有的物质成分、结构、构造和形态。

　　地质作用又在不断地形成新的物质成分、结构、构造以及地质形态。

　　地质作用本身是带有危害性的，它能够在破坏中再造，又在再造中破坏，周而复始、永不间断地运动，使岩石圈一直处于一种新的状态。

地质作用的类型

　　1. 表层地质作用

　　主要是指由地球外部的能源所引起的、发生在地球表层的地质作用。

　　2. 内部地质作用

　　主要指的是由地球内部的能源所引起的地质作用。一般来说，内部地质作用主要产生于地球内部，但是效果却是出现在地球的表层，火山运动就是其中典型的一种。

风化作用

　　风化作用指的是在地表或近地表的条件下，由于大气、温度、水以及生物等因素的影响，使得地壳或岩石圈的矿物、岩石在原地发生了分解和破坏的作用过程。风化作用的重要特征就是岩石、矿物在遭受分解或破坏之后，风化的产物依旧保留在原地。

风化作用的类型

　　科学家根据风化作用的特点，将其分成物理风化作用、化学风化作用和生物风化作用。

物理风化作用

　　物理风化作用主要是指由于大气、气温、水等因素的作用，而引起矿物和岩石在原地发生的机械性破裂的过程。整个过程中，矿物和岩石的成分不会发生变化，只是体积形态的物理变化。

　　1. 温差风化　2. 冰劈作用　3. 盐类结晶与潮解　4. 层裂或是卸载作用

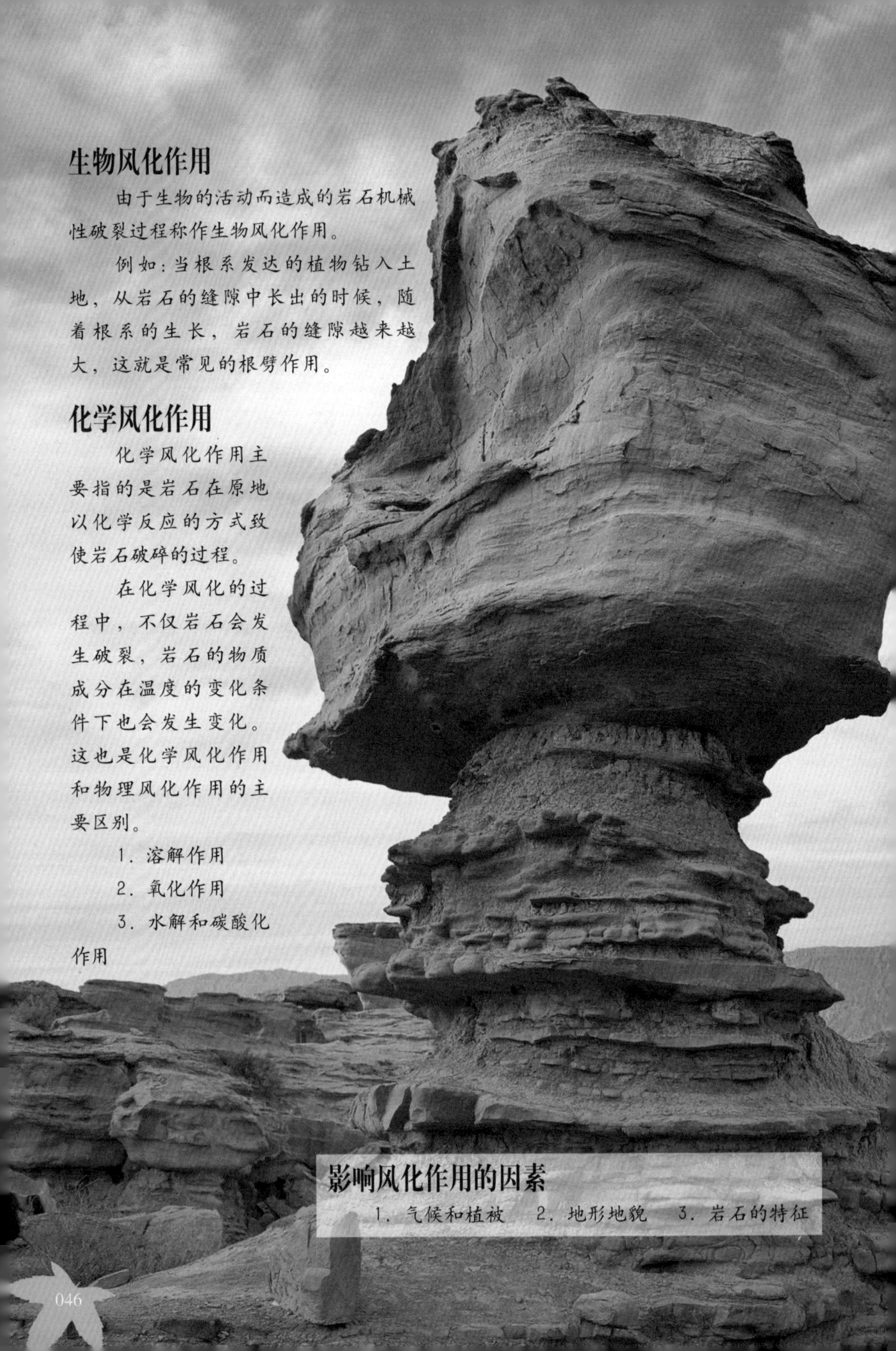

生物风化作用

　　由于生物的活动而造成的岩石机械性破裂过程称作生物风化作用。

　　例如：当根系发达的植物钻入土地，从岩石的缝隙中长出的时候，随着根系的生长，岩石的缝隙越来越大，这就是常见的根劈作用。

化学风化作用

　　化学风化作用主要指的是岩石在原地以化学反应的方式致使岩石破碎的过程。

　　在化学风化的过程中，不仅岩石会发生破裂，岩石的物质成分在温度的变化条件下也会发生变化。这也是化学风化作用和物理风化作用的主要区别。

　　1. 溶解作用

　　2. 氧化作用

　　3. 水解和碳酸化作用

影响风化作用的因素

　　1. 气候和植被　　2. 地形地貌　　3. 岩石的特征

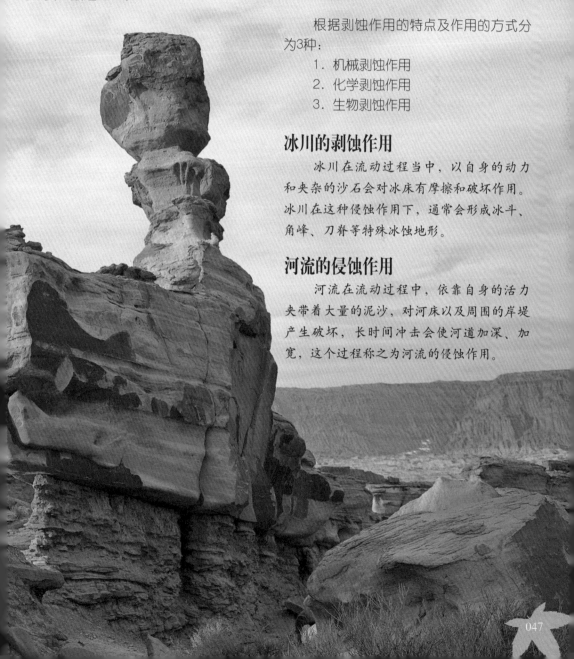

剥蚀作用

　　剥蚀作用是指各种运动的介质在其运动过程中，地壳表面的岩石产生破坏并将其产物剥离原地的作用。剥蚀作用是陆地上最为常见的地质作用，也是最为重要的地质作用，它在进行过程中不仅会塑造出各种千奇百怪的地貌形态，而且它还是地表物质迁移的主要"搬运工"。

　　根据剥蚀作用的特点及作用的方式分为3种：
1. 机械剥蚀作用
2. 化学剥蚀作用
3. 生物剥蚀作用

冰川的剥蚀作用

　　冰川在流动过程当中，以自身的动力和夹杂的沙石会对冰床有摩擦和破坏作用。冰川在这种侵蚀作用下，通常会形成冰斗、角峰、刀脊等特殊冰蚀地形。

河流的侵蚀作用

　　河流在流动过程中，依靠自身的活力夹带着大量的泥沙，对河床以及周围的岸堤产生破坏，长时间冲击会使河道加深、加宽，这个过程称之为河流的侵蚀作用。

地上水的剥蚀作用

地面上的流水主要包括片流、洪流和河流，它们是塑造陆地地形地貌的主要力量。

地下水侵蚀作用

地下水在运动过程当中会对周围的岩石起破坏作用，我们称之为地下水的侵蚀作用。因为地下水主要是从地下岩石的缝隙中流动，速度慢，水流不急，所以这种侵蚀的冲击力很微弱。

但是由于地下水中含有比较多的矿物质和化学元素，因而化学侵蚀作用比较显著。

1. 机械性河流侵蚀

在河水流动的过程中，依靠自身的动能或是携带的泥沙对河床进行冲击的过程。这是河流侵蚀作用中最为主要的一种。

2. 化学性河流侵蚀

在河水对河床冲击的过程中，河水会对岩石的溶解和反应产生共同的破坏作用。

搬运作用

前面提到的地表风化和剥蚀作用产生的碎屑物质和溶解物质，只有少量会留在原处，其余的大部分物质都会被其他运动的介质带到另外的地方。在自然界中，风化和剥蚀的产物被运动介质从一个地方搬运到另外一个地方的过程叫作搬运作用。

搬运作用的方式

搬运作用主要是以推移、跃移、悬移和载移的方式来搬运，这种方式称之为机械式搬运。

当溶解后的物质以真溶液或是胶体溶液的形式进行搬运时，称之为化学式搬运。

机械搬运主要运用的是流水、风和海浪等，由于搬运的方式不同、搬运的介质体积重量的差异，所以搬运方式也各具特色。

不同的搬运作用

地面流水的搬运作用

地下流水的搬运作用

冰川的搬运作用

风的搬运

海洋（湖泊）的搬运作用

1. 推移

推移是指在流体的运动过程中，对碎屑物质施加一个向前的动力，碎屑颗粒开始沿着介质底面滑动。

2. 跃移

跃移是指在搬运过程当中，碎屑物质沿着底面以跳跃的形式向前移动。

3. 悬移

当剩余的碎屑物质是体积很小的颗粒时，它们很难沉积到底部，所以总是以悬浮的状态被搬运到其他地方。

4. 载移

许多冰川的碎屑会附着在冰川固体上，甚至会冻结在冰体上，随着冰山的移动一起移动，像是一条连续的传送带，所以我们将这种冰的固体搬运方式称作载移。

▲ 冰川搬运

◀ 河流搬运

沉积作用

　　地球上的陆地和海洋都是地表的大型沉积单元，陆地主要包括河流、湖泊和冰川等沉积环境；海洋主要包括滨海、浅海、半深海以及深海等环境。虽然地球的沉积场很复杂，但是沉积的方式基本上可以分为3种类型：机械沉积、化学沉积和生物沉积。

▲ 菊石化石

1. 机械沉积

　　机械沉积作用通常指的是被搬运的碎屑物质，由于介质物理条件的变化而发生的沉积过程。

　　这里指的介质物理环境发生变化包括：流速、风速和冰川的消融。

2. 化学沉积

　　化学沉积作用指的是水介质中的以胶体溶液和真溶液形式搬运的物质，在物理和化学变化发生时产生沉淀的过程。

3. 生物沉积

　　与生命活动及生物遗体紧密相关的沉积作用称为生物沉积作用。生物沉积作用有很多种表现方式：

　　生物遗体的直接堆积

　　生物遗体的间接堆积

▲ 三叶虫化石

地面流水的沉积作用

1. 河流的沉积作用

　　滞留砾石沉积

　　牛轭湖沉积

　　山口沉积

　　河口沉积

2. 洪流及片流的沉积作用

◀ 牛轭湖沉积

地下水、冰川和风的沉积作用

1. 地下水的沉积作用

　　地下水的沉积作用主要是以化学沉积作用为主。通常只在地下河、地下湖才产生一定数量的碎屑沉积，同时也形成一部分洞穴塌方的碎屑沉积。

2. 冰川的沉积作用

　　冰川的消融是冰川堆积的主要原因，冰川向雪线以下的流动并不是无休止的，随着气温逐渐升高，冰川逐渐消融，冰运物也就沉积下来。

◀ 地下水沉积

▼ 融化的冰山水汇成小河，冰运物也随着沉积下来

成岩作用

　　成岩作用主要指的是由松散的沉积物转变为沉积岩的过程。沉积物的原体通常都是比较松散的，在漫长的地质时代中，沉积物一层一层地堆积，相对较新的沉积物质覆盖在较老的沉积物质上，这样沉积物越积越厚，埋在下面的沉积物由于上面的压力，逐渐被挤压得更结实。

▲　岩石

成岩作用的3种主要方式

1. 压实作用

　　压实作用指的是沉积物在上覆水体以及沉积物的挤压负荷下，水分被挤出，孔隙程度降低并且体积缩小的过程。

2. 胶结作用

　　胶结作用是指从孔隙溶液中流出的沉淀矿物，也就是我们常说的胶结物，将松散的沉积物粘结起来，成为沉积岩的过程。

▼　沉积岩层

3. 重结晶作用

　　重结晶作用指的是在压力增大、温度升高的情况下，沉积物中的矿物组成物质发生溶解和再结晶，使非结晶质逐渐变成结晶质，从而使沉淀物固结成为岩石的过程。

沉积岩

　　由沉积物经过成岩作用形成的岩石称为沉积岩。

　　沉积岩在地表或是近地面的环境下形成，它的形成过程以及保存条件和岩浆岩有明显的区别。

地球内部地质作用

岩浆作用

地壳深部和上地幔之间存在着一种温度极高、体态黏稠的熔融物质。这些物质中含有可以挥发的硅酸盐，它们在1000℃的高温下依然呈液态，但是在高压下具有极强的膨胀力。岩浆就是在地壳的深处以及上地幔处形成的、以硅酸盐为主要成分的灼热黏稠的熔融体。

岩浆形成之后会沿着构造软弱带上升到地壳的上部或是从地表中喷发溢出。在上升的过程中，由于物理和化学条件的变化，岩浆的成分也会不断发生变化，后来冷凝形成岩石，这个复杂的过程叫作岩浆作用。

岩浆作用形成的岩石叫作岩浆岩。因为岩浆是侵入地壳中或是直接从地表喷发，所以人们根据这一特点，将岩浆作用分为侵入作用和喷出作用，相应的不同的作用形成的岩石就分别叫作侵入岩和喷出岩（或火山岩）。

喷出作用

喷出作用又称作火山作用，有些火山作用温文尔雅，岩浆会沿着缝隙缓慢地上升，不声不响地流出地表，一边流动一边凝结。

有的火山活动相当剧烈，岩浆在喷出时会发出猛烈的爆炸现象，大量的气体、岩浆团块以及固状的碎屑一起喷到火山口以外的地方，火山口的上空会弥漫巨大的黑烟团。

1. 裂隙式喷发

裂隙式喷发指的就是岩浆沿着一个方向的断裂或是断裂群持续上升，喷溢出地表。

2. 中心式喷发

中心式喷发指的是火山的喷发物沿着火山喉管喷出地面，在平面上呈点状喷发。

▼ 火山爆发喷出的岩浆

变质作用

变质作用指的是在地下的特定地质环境中，由于地理和化学条件的变化，原有岩石基本上在固体状态下发生物质成分和构造的变化，从而形成新岩石的地质作用。

变质作用的产物，也就是生成的新岩石称为变质岩。

形成变质岩的岩石类型可以是沉积岩、岩浆岩，也可以是变质岩本身。它们在形成的时候同当时的物理、化学条件之间处于平衡或是稳定状态。但是这种稳定的状态和平衡并不是不变的，而是相对的、暂时的，一旦周围物理、化学条件再次发生变化，足以破坏原有的动态平衡，那么原来的变质岩又会转变成新环境中处于稳定状态的新变质岩。

引起变质作用的因素

1. 温度
2. 压力
3. 化学流动性流体

变质作用的方式

在温度、压力和化学活动性流体的作用下，原来的岩石会发生物质成分以及结构的变化。变质作用的方式多种多样，主要有以下几种方式：

1. 重结晶作用
2. 变质结晶作用
3. 交代作用

交代作用指的就是在变质过程中，化学活动性流体和固体岩石之间发生的物质置换作用，这样不仅会产生新矿物，而且岩石的总体化学成分也发生了变化。

▲ 变质石英石

构造运动

　　构造运动主要指的是地球的内部能量所引起的组成地球物质的机械运动。构造运动能够使地壳或是岩石圈的物质发生变形和移位，这样不仅会引起地表形态的剧烈变化，例如：山脉的形成、海陆的变迁和大洋扩张等；而且还会在岩石圈中使各种各样的岩石发生变形，例如：地层的倾斜、岩石体的破裂以及相对的移动等。

构造运动的两大类

1. 垂直运动

　　垂直运动指的是地壳或是岩石圈中的物质垂直于地表，沿着地球半径的方向运动。

　　垂直运动通常表现为大面积的上升、下降以及相互的交替运动。运动中造成的地表地势的高度差是引起海陆变迁的主要原因。

2. 水平运动

　　水平运动指的是地壳或岩石圈物质平行于地表，沿着地壳半径方向的运动。

　　水平运动通常表现为地壳及岩石圈的块体相互分离拉开、相互靠拢挤压或是作剪切的平移运动。这样的运动会造成岩石的褶皱和断裂，在岩石圈内的软弱地带形成巨大的褶皱山。因此，传统的地质学也将水平运动叫作造山运动。

地震

地震就是通常所说的地动，它与刮风下雨一样，是一种自然现象。它是地球内部物质运动的结果，地球内部发生地震的地方叫震源，地面距震源最近的地方叫震中。

地震，特别是强烈地震之前，总会出现一些异常现象，人们把与地震发生有密切联系的异常现象称为地震的前兆。

有些动物感觉器官非常灵敏，周围的环境稍有变化，它们就能感受得到，为躲避地震灾害，会以不同于平常的行动表现出来。比如狗会狂叫，鸡不进窝，鸭子不下水等异变情况。这时，我们就要加强防范，早做准备，减少地震对我们的伤害。

地震带就是指地震集中分布的地带。地球上主要有三处地震带，即环太平洋地震带、欧亚地震带和海岭地震带。

中国位于环太平洋地震带与欧亚地震带之间，地震活动主要分布在台湾省及其附近海域、西南地区、西北地区、华北地区、东南沿海的广东、福建等地。

▲ 中国地震带分布图

▲ 在地震中被震毁的楼房

地震的大小和对地面影响程度可以用地震震级和地震烈度来衡量。震级表示地震时释放能量的大小，一次5级地震的能量相当于在花岗岩中爆炸一颗2万吨级黄色炸药（TNT）的原子弹的能量；烈度则表示地震对地面影响和破坏的程度，一次烈度为X度的地震，表示地面绝大多数一般房屋倒塌。

▲ 地动仪模型

火山

全世界已知有1500座活火山，随时可能喷发。

预测火山爆发能够挽救成千上万的生灵，然而人们经常无法做到及时预测并组织疏散；由于人类居住越来越稠密，火山喷发造成的死亡数量也会不断增多；世界上没有永久的"死"火山存在。

活火山的火山口

每天上千次的地震、上百米的海啸、熔岩喷发引起大火、火山屑云团以及泥石流，这些灾害比火山喷发所导致的危害更加严重。

火山引起的泥石流在火山喷发结束后5年中还可以流动不止。

一次火山喷发可以影响半个地球的温度；熔岩流动的速度可以达到每小时60米。

世界上大多数火山分布在太平洋四周，这一地带被称为"火圈"，这是根据大地构造学中的板块移动学理论形成的。"火圈"以外也分布有一些火山，那些则是由于地核内部的岩浆向外活动而形成的。

美国的黄石公园和哥伦比亚河峡谷就是火山形成的。事实上，黄石公园的地壳非常薄，它的下面是温度达华氏两千度的岩石。60万年前这里曾经喷发过，用地质学理论分析，下一次喷发应该在不久的将来，而且这个巨大的火山已经显示出复苏迹象。

大气圈、水圈和生物圈构成了地球的外部圈层，它们各自围绕着地表形成了自己封闭的圈层体系，相互影响，相互作用，共同促进着地球外部的演化。

奇 幻 自 然

地 球 的 外 部 圈 层

大气圈

在我们居住的地球上，有一层大气圈包围着。它主要是由气态物质组成的，在太空中看地球时，地球外部包围着的蓝色外衣就是大气层。因为有了大气层的保护，地球才会免遭外太空的陨石袭击；因为有了大气层的保护，地球上的生命才能够在一个良好的环境中生存和发展。

地表以上到地球的大气边缘部位统称为地球的外部。地球的外部主要是由多种物质组成的一个综合体。这里既有有机物，也有无机物；既有气态物质，也有固态物质和液态物质。这些物质在地球的外部分布并不是杂乱无章的，经过漫长的地质演化过程，如今已经形成了分布有序、物质结构有明显区别的外部圈层。

地球的外部圈层由大气圈、水圈和生物圈组成。

大气圈

大气圈是由于地球的引力而聚集在地表周围的气体圈层，它是地球所有圈层中最外部的一层。

大气圈是人类和其他生物赖以生存和发展的必要条件，简单来说，没有大气层的包围，地球上就没有足够的氧气用来呼吸。大气同时还起到了保持地表恒温和保护水分的作用，是促进地表形态变化的重要动力和媒介。如果没有了大气层，地球就会变成一个生命贫瘠的荒凉星球。

大气的组成

自然状态下，大气由多种气体的混合物组成，它们主要是氮、氧、二氧化碳、水和一些惰性气体。随着地球上人类活动的日益频繁和生产规模的不断扩大，大气中有毒有害物质的成分大幅度增加。

大气中的组成部分可以分为恒定部分、可变部分和不定部分。

1. 恒定部分

这里说的恒定部分是指地球表面上任何组成几乎是能够看成不变的成分。所谓任何地方并不是指整个大气圈，而只是90千米以下的低层大气。这部分的干洁大气主要是由氮、氧和氩组成，这三位成员的总体积占大气体积的99.9%以上，其他成员还有氖、氦、氪、氙等少量稀有气体。

2. 可变部分

大气的可变部分由二氧化碳、臭氧和水蒸气组成。

可变部分的成分组成是随着气候、季节和人类活动的影响而变化的。大气中的二氧化碳主要是由自然界生物和人类活动产生的。

3. 不定部分

不定部分指的是大气中可有可无的成分，例如尘埃、硫氢化物、氮氧化物、煤烟和金属粉尘等。这些物质在大气中的含量变化很大，在一些大型工业分布密集的地区含量更是高得惊人，对人体的健康有着严重的威胁。

大气污染

大气污染指的就是不定部分在大气中的含量超出了一定的标准。

不定成分的来源主要有两个

1. 自然界中的火山爆发、森林火灾等暂时性的灾难。

2. 人类生活和生产活动。

▼ 正在向天空中排放大量废气的烟囱

大气圈的结构

　　大气圈的下界通常指的是地表，然而在地面以下的松散堆积物及某些岩石中也含有少量的空气，它们是大气圈的地下部分，深度一般在3千米以内；大气圈的上界并没有一个确切的限度，通常人们认为在2000～3000千米的高空已经是和太空气体接触的过渡带了。

> 　　大气圈在垂直方向上的物理性质有着明显的差异，根据温度、组成成分等物理性质，以及大气的运动特点，可以将大气圈从地面到上界分为对流层、平流层、中间层、暖层和散逸层。

对流层

　　对流层是地球大气中最低下的一层。这里只有8～17千米厚，但是却集中了大气中的90%以上的水汽。这里的气温是随着高度的增加逐渐降低的，所以这里的空气上下的对流现象极为频繁，正是这样的对流产生了雷电、风、霜、雨、雪等大自然独有的自然现象。因此，对流层对人类的生活有着最密切的关系，人类活动和工业生产中产生的大量污染气体也都聚集在这一层中。

平流层

　　平流层指的是从对流层顶部至35～55千米高空的大气层。本层的大气质量占大气总质量的20%左右。

　　平流层基本没有水汽和尘埃物质，也没有什么天气现象，且不存在多层的含臭氧层，这里能够吸收太阳99%以上的对生命有害的紫外线，所以人们将这一层称作是地球生物的"太阳伞"。平流层的温度在开始时是随着温度的增高略有升高，但是变化幅度不大；高度升高至30千米以上的时候，由于臭氧吸收了大量的紫外线，温度的变化极快，平流层顶部的温度在17℃左右。

中间层

　　中间层指的是从平流层顶至85千米高空的大气层。这里没有臭氧吸收太阳辐射的紫外线，气温是随高度的增高而下降的，气温的变化在−83℃～−113℃。整体是下热上冷，出现空气的垂直运动。

暖层

　　暖层又称电离层，主要是指位于从中间层到800千米的高空。

　　这一层的空气已经很稀薄了，质量约占大气总质量的0.5%。

　　这里的空气质点在太阳辐射和宇宙高能粒子的作用下，温度迅速升高。500千米处的高空温度高达1000℃以上，而在500千米以上区域的温度变化并不大。与此同时，由于紫外线和宇宙射线的作用，氧、氮已经被分解成为处于电离状态的原子。这里是传递无线电波的主要层面。

散逸层

　　这一层是位于800千米以上至2000～3000千米的高空，空气极为稀薄。

　　在距地球表面500千米以上的大气层中，基本已经没有多少大气分子了，仅存的少量大气分子的运动速度也相当慢。向上运动的分子，如果没有其他分子和它进行碰撞就会一直向上升。所以，人们将这一层称为散逸层。

500千米

外大气层

400千米

离子层

300千米

极光
（发光气体）

离子层

200千米

极光
（发光气体）

离子层

电离层

100千米

离子层

陨星

50千米

臭氧层

离子层

平流层

10千米

急流

对流层

珠穆朗玛峰

大气运动

大气时时刻刻都在运动，它的运动方式和规模极为复杂。这其中不仅有水平运动，也有垂直运动；不仅有全球性的大规模运动，也有小规模的局部运动。

气压

气压指的是单位面积上所能够承受的空气柱的质量。单位是帕斯卡。

一个地方的气压随着高度的增加而降低，影响气压高度变化的原因主要是该地区上空的大气柱的高度和密度；而在水平方向上，气温的差异也会导致该方向上的大气密度的变化。

由于大气在垂直或是水平方向上存在着气压差，从而产生一种气压梯度力，这个力的方向是沿着垂直与等力面方向的、由高压区指向低压区的力。这个力的大小为这个方向上单位面积的改变量。

气压梯度力可以分成水平气压梯度力和垂直气压梯度力。

一般来说，垂直气压梯度力要大于水平气压梯度力，大约是它的100万倍。

大气运动的动力

大气运动的发生和形式主要取决于气压作用。虽然垂直气压梯度力比较大，但是在地球重力的作用下基本与地球重力处在一个平衡状态。而水平气压梯度力虽然较小，但是在没有其他实质力的影响下，也可以造成较大规模的空气水平运动。

水平梯度力才是造成大气水平运动的真实动力。

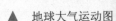

▲ 地球大气运动图

大气环流

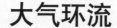

大气环流指的是大范围的大气运动状态。它反映了大气运动的大致格局，并且孕育和制约着规模较小的气流运动。它是各种不同程度的天气系统发生、发展和移动的背景条件。

由于大气环流的原因，地球近地面大气中形成了相对稳定的7个气压带和6个风带。地表的地形和海洋的分布特点会使局部地区的大气环流发生相应的变化。

1.低纬环流

在赤道地区，地表的气温终年较高，而且空气的受热膨胀现象明显，密度变小变轻而上升，形成赤道低气压带。

赤道低气压带的空气主要是以上升运动为主，并且在上升过程中会携带大量水汽，到了高空后遇到冷空气后冷凝成为雨水降到地面，形成"赤道无风带"以及潮湿多雨的气候。

2.中纬环流和高纬环流

由于地球两极地区终年气温很低，大气也相应地冷却萎缩，在近地面形成"极地高气压带"。在极地高气压带与副热带高气压带之间，也就是南、北纬60°地区形成一个相对的低压带，我们称之为"副极地低气压带"。

赤道表面的空气上升到高空后就在高空形成高压，促使赤道高空的空气向南北两侧移动。加上地转偏向力的作用，气流的方向会逐渐向东加大偏转，并且在南、北纬30°的高空中与纬线平行。这样，气流就不会再向南或是向北流动了，造成高空气体的大量聚集，密度也相应加大，气流被压向地面运动，形成了"副热带高气压带"。

水圈

水圈通常指的是由地球表层水体所构成的连续圈层。

水是我们生活中不可缺少的重要物质之一，也是生物赖以生存的必要条件，它对地球表层环境的形成和改造起着非常重要的作用。

▲ 牛轭湖

水存在的类型

水的分类有很多方式，可以根据研究对象、研究目的和内容对水作出不同的分类。

根据水的存在方式，可以分成气态水、液态水和固态水；

根据水中的含盐量，可以分成咸水、半咸水和淡水；

根据天然水所处的环境，可分为海水、大气水和陆地水。

▼ 以固态水形式存在的冰雹

地球上水的分布

地球上的水主要以气态、固态和液态三种形态方式存在于大自然中，遍布大气圈、生物圈、海洋和陆地表层。

地球上的海水占水体总量的97.21%，大陆表层的水约占水体总量的2.16%，地下水约占0.61%，大气水约占0.001%。

地球上的水资源分布极为不均衡，能够被人饮用的淡水资源只占所有水体的很小一部分，并且大部分是以固结在高山上的固态水形式存在的。

▲ 一个宽广的湖泊

海水

海洋是地球上面积最大的积水盆地，它也是水圈的主体。

海水的运动

海水在风以及日月（天体）的引力及地震、火山爆发的影响下，海水会处于一个不断运动的环境中。海水的运动方式很多，主要有波浪、潮汐、洋流和浊流等几种方式。

海浪

海浪是海水最基本的运动方式。

当海风刮过海面的时候，风和海面产生摩擦力，使得海水产生波浪。海水在运动的过程中，水质点通常是围绕某个平衡位置作圆周运动的，只是在很小的范围内移动。

水质点在圆周运动的过程中运动到最高点的时候就会形成波峰，运动到最低点的时候就会形成波谷。而形成的这个波峰的高度就是水质点运动的圆周半径。

潮汐

潮汐是全球性的海水周期性涨落现象。

潮汐是海水在引潮力的作用下形成的。引潮力主要是月球、太阳对地球的引力和地球围绕地月系质心旋转、绕太阳公转的惯性离心力的合力。因此引潮力主要是来自太阳对地球和月球间的两种力。

洋流

洋流指的是大洋中沿一定方向有规律的海水移动。

洋流就像是大洋中的一条河流，它的宽度可以达到十几千米到几百千米，涉及的水层深度达到数百米，整个流程有上万千米。洋流的流速为每小时数千米，并且在流动的过程中线路不会改变。

▼ 多彩海洋

浊流

浊流指的是海洋（湖泊）中带有大量的悬浮物质的高密度水下重力流。

浊流中所夹杂的悬浮物质多为黏土和砂石。浊流一般形成于大陆架的外缘、大陆坡上部或河口三角洲前缘，因为那里的海底坡度较大，并且有大量未固结的沉积物。

浊流大多数是由于地震和火山喷发引起的，在重力的作用下常常以巨大的惯性冲出大陆坡，直接流入海洋的底部，流速可以达到20~30米/秒。

陆上水主要包括地面流水、地下水、湖泊、沼泽和冰川。

地面流水

地面流水主要指的是沿陆地表面流动的水体。其水源主要有大气的降水、冰雪的融水、地下水和湖泊等。地面流水根据水源的补给又分为常年性流水（即河流）和暂时性流水（即片流和洪流）。

地下水

地下水是蕴藏在地表以下岩石和松散堆积物孔隙中的水体，主要来自地面流水和大气降水，它们通过岩石和松散的堆积物的空隙渗入到地面之下。我们生活中常见的泉水和井水都是地下水。

沼泽

沼泽指的是陆地上潮湿积水、生长着大量喜湿植物、并且有泥炭堆积的地方。

沼泽主要分布在潮湿地区，不管是热带、温带还是寒带，都有它的身影。

沼泽的形成原因很多，它可以是淡水湖逐渐地沼泽化、河流泛滥的沼泽化、平坦海岸的积水沼泽化、森林和草原的沼泽化等。

▼ 穿过森林的河流

水圈内的水循环

　　虽然自然界中有不同形态的水存在于不同的环境内，但是它们之间并不是永远保持这种关系，它们在自然因素和人为因素的影响下一直处于不断的运动和转换中，这个过程就是水圈的水循环。

　　水圈运动的主要原动力是太阳的辐射能和地球的重力能。

　　地表的水体在太阳辐射能的作用下，水分子会获得足够运动的能量，并且挣脱其他水分子的束缚而进入大气水圈。同时，它会将一部分太阳能转移到水分子的内部，以"潜热"的形式贮藏起来。

　　水在潜热和重力能的作用下，从一种形式转化到另一种形式，从一个地方转移到另一个地方，构成了水圈的循环。

▶ 奔涌的黄河

　　降到陆地上的水一部分成为地下水，一部分又蒸发回到大气圈；其余部分以地面流水的形式存在，最终还是会流回海洋。

　　这样水就从海洋到陆地又回到海洋，完成了一次完整的水循环过程，这个过程就是水圈的大循环。

▼　穿过原野的河流

　　水圈的循环分为自然循环和人为循环两种，我们通常所说的主要指的是水的自然循环。

　　水循环是自然水体运动的最基本特征，它还可以分为大循环和小循环。海洋表层的水体经过蒸发作用，一部分会进入到大气圈中，并经过运动上升到陆地的上空，当遇到冷空气的时候就会形成降雨，又落回到陆地。

生物圈

生物圈是指地球表层有生物及其他生命活动的地带所构成的连续圈层，是地球上所有生物及其生物环境的总称。生物圈与大气圈、水圈、岩石圈的表层相互影响、相互渗透、交错分布。每个圈层之间并没有绝对的分界线，从地表以下3千米到地表以上10千米的高空和深海的底部，基本上都是生物圈的范围。

生物圈的组成

构成生物圈的生物种类很多，地球上已经被发现和鉴别的就有200多万种，其中动物有150多万种、植物有50多万种。但是事实上地球上真正的生物种类远比这要多得多，因为人们认识和发现的生物只是限于生物圈这一部分，还有相当一部分不为我们所知的生物生活在我们的地球上。

植物界

植物界是生物界中比较大的类群，遍布全球。这类生物的特点是能进行光合作用，为自养生物，分为藻类植物、苔藓植物、蕨类植物、裸子植物和被子植物。

动物界

动物界是地球上种类最多的大类群，遍布自然界的每个角落。动物主要以植物和小动物为食，因此它们属于异养生物。

无脊椎动物包括：原生动物、海绵动物、腔肠动物、扁形动物、线形动物、环节动物、软体动物、节肢动物等。

脊椎动物包括：鱼类、两栖类、爬行类、鸟类、哺乳类等。

真菌界

真菌也是一类低等真核生物，它们没有叶绿素，也不能进行光合作用，主要的营养方式为腐生和寄生。

原核生物界

这是一类起源古老、结构简单的原始生物，其细胞为原核细胞，细胞内只有核物质，不具备明显的核膜，也就是没有真正的细胞核。

这类生物主要包括细菌和蓝藻类。

原生生物界

原生生物是由原核生物发展而来的真核生物，大部分是单细胞生物，比原核生物更大、更复杂。有些原生生物可以借助光合作用制造养分。

这类生物主要包括变形虫、纤毛虫、眼虫等。

在我们生活的地球上，有连绵起伏的山脉，也有浩浩荡荡的长河，有炎热干燥的沙漠，也有绿波荡漾的大草原。地球的地形地貌是如此的千姿百态，勾画出了一个丰富多彩的世界。

奇幻自然
地形地貌

大陆与海洋

在我们生活的地球上，分布着黄色的陆地和蓝色的海洋，它们是地球表面两个最大的成员。其中，海洋的面积占整个地球表面积的70.8%，而陆地的面积只占地球表面积的29.2%，约有14 948万平方千米。

地球的陆地分为6个大陆板块，它们分别称作：欧亚大陆板块、非洲大陆板块、北美洲大陆板块、南美洲大陆板块、南极洲大陆板块和太平洋板块。而在许多大陆板块的附近海分布着许多大大小小的岛屿，人们将大陆板块以及周围的岛屿一起统称为"洲"。地球上一共有七大洲，即北美洲、南美洲、欧洲、亚洲、非洲、大洋洲、南极洲。另外，陆地分散在海洋当中，被广阔的海洋分成了若干块，整个海洋连成了一个有机的整体。大陆将海洋分成了4个相通的大洋，它们分别是太平洋、大西洋、印度洋以及北冰洋。

大陆的地形和地貌复杂多样，千姿百态。各种地形地貌有一定的产生环境，通常同一种地形，即使是不在同一个大陆板块或是在同一大陆板块的不同位置上，都会有一定相同地理环境和气候条件。

大洲的板块构造

事实上，地球的岩石层并不是一个像蛋壳的整体，而是由一个一个的大板块组合而成的。它们主要是太平洋板块、欧亚板块、非洲板块、美洲板块、印度洋板块、南极洲板块六大板块，这也是大洲基础分类的依据。除了上面说的几大板块之外，还有东太平洋板块、东亚板块等一些小板块。

地球上所有的大陆板块，无论大小和形成年代都是飘浮在具有流动性的地幔的软流层上的。在软流层移动的同时，每个板块也会相应地发生不同程度的运动。一般来说，大板块的移动速度约为1~5厘米/年。

 世界板块图

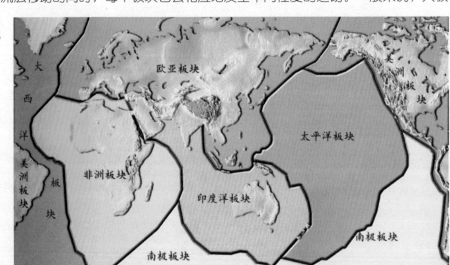

▲ 雄伟的山谷

在地球大陆上，有威严挺拔的高山，例如：我国青藏高原的"世界之巅"——珠穆朗玛峰，海拔高度8844.43米；还有辽阔宽广的平原，例如：南美洲的亚马孙平原，整体面积达560万平方千米，是世界面积最大的平原；既有源源不断的河流，如世界第一长河——埃及的尼罗河，全长6671千米；也有陆地中镶嵌的"明珠"——湖泊，比如世界面积最大的淡水湖——苏必利尔湖，面积约为82414平方千米。

▼ 尼罗河

从地质学的角度讲，古代的地球并不是像现在这样。最初，地球表面的所有陆地是相互连在一起的，是一个整体。经过几次强烈的地壳运动，整个板块四分五裂，后来在漫长的时间里逐渐形成了现在这样的海陆分布。而且，这些板块并不是"老老实实"地一动不动，它们还在缓慢地移动。

青藏高原是世界上海拔最高的高原，平均高度在海拔4000米以上，号称"世界屋脊"。

还有地势低洼的盆地，比如我国西部新疆的吐鲁番盆地，盆地最低部低于海平面154米之多。

大地构造单元

大地的构造单元指的是地壳的基本构造单元。它们是根据构造运动和地质构造的类型以及基本特点划分出来的各种类型的大地构造区，是地壳大型构造的基本单位，属于大地构造学的范畴。

但是，人们对于构造运动和地质构造的类型的认识并不是完全一致的，所以划分的大地构造单元也有所不同。比如有地槽、地台说，根据构造运动的活动频率和程度，将地壳分为两大类大地构造单元，一个是活动性弱的地台区，另一个是活动性强的地槽区。还有板块构造说，将整个岩石圈层分成六大板块。

大地构造学假说

大地构造学假说是为了解释地球石圈的岩石组成、分布、变质以及各种地球内部的物理场的变化而提出的。大地构造学假说是属于大地构造学中的上层建筑，它是通过对各种地质和地理资料的综合研究分析出来的。

▲ 大陆的拼合好像撕碎的报纸，外形和文字都可以拼合

断块构造说

20世纪50年代，我国著名地质学家张文佑提出了大地构造假说。断块构造说主要强调的是地球自转产生的经向水平挤压力，还有断裂在地壳中的变形作用。经向水平挤压力会形成潜式剪切应力网络，在应力的进一步作用下会形成全球的"×"型断裂体系，并且是地壳被分割为形状各异、排列不规则的地块；而地块的性质和变形主要取决于分割该地块的断裂性质。

槽台说

槽台说在众多的大地构造假说中是提出比较早的一个，始于19世纪中、下叶，在20世纪中叶达到了顶峰。

槽台说认为地球的表层主要由两部分组成

1.呈狭长带状的坳陷，不仅具有比较大的沉降速率，沉积地层较厚，而且时常会有火山活动或是变质作用，为地球的活动带，称之为地槽。

2.地台的范围很广泛，并且十分稳定，沉降速率相对较小，因而它的沉积地层也就相对较薄。

槽台说还认为地台和地槽两个部分是可以相互转化的。地槽可以通过造山运动发生褶皱使表面隆起，从而形成稳定的地台；地台同样也可以通过地台的断裂作用重新转化成为活动带，两者之间的转化组成了地球地质历史的一道有趣的风景线。

古生代

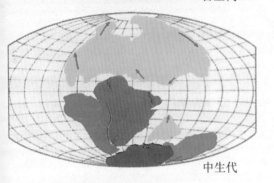

中生代

新生代

现代

▲ 大陆漂移过程

大陆漂移说

　　关于世界版图的形成，科学家有种种说法。德国科学家魏格纳通过对世界地图的仔细观察发现，南美洲的海岸和非洲大陆的大西洋海岸近似吻合。从此他积极地翻看各种地质资料，从地质构造以及气象学、生物学等方面进行了综合缜密的研究，并且亲自对两个大陆的边缘岩石构造进行了考证，发现它们之间在很多方面有着惊人的相似之处。

　　1912年，他终于向世界公布了他的大陆漂移说。

　　大陆漂移说认为：在3亿～2亿年前的太古代，地球只有一个原始的大陆，整个大陆是一个连续不断的整体。后来在地球自转离心力以及日月潮汐引力的作用下，在1.9亿年前，地球大陆开始漂移，逐渐形成了今天我们看到的分布情况。

▲ 地球大陆分布图

世界上的七大洲

我们可以在世界地图上很容易地看出，整个地球的大陆主要分为7个大洲。它们分别是亚洲、欧洲、非洲、北美洲、南美洲、大洋洲和南极洲。有的大洲之间相互接壤，有的大洲之间只是相隔一条运河。

亚洲

亚洲的全称叫亚细亚洲，是世界七大洲中的第一大洲，总面积达到4400万平方千米，大约占到整个欧亚大陆总面积的五分之四，地球陆地总面积的三分之一。

亚洲处于东半球的东北部，东临太平洋，南接印度洋，北面毗邻北冰洋，西面以乌拉尔山、乌拉尔河、里海、高加索山脉和黑海与欧洲分界；西南面是以红海、苏伊士运河与非洲分界；东北面隔白令海峡与北美洲遥遥相望；东南面以帝汶海、阿拉弗拉海及其他一些海域与大洋洲为界。

亚洲面积辽阔，自然环境复杂，地形主要以山地和高原为主，整个高原和山地的面积加起来能够占到亚洲领土面积的四分之三。这里有世界上最高的高原、世界最高的山脉、最深的湖泊和最深的洼地。

亚洲大陆 ▶

▲ 印度泰姬陵

亚洲的资源丰富,中东地区是世界上石油和天然气储量最丰富的地区,亚洲储煤量也为世界之首。

由于亚洲地域辽阔,跨越的气候带比较多,所以这里的气候环境比较复杂。

亚洲也是世界上人口数量最多的大洲,亚洲的总人口已经占世界总人口的60.5%。

同时,由于亚洲处在环太平洋火山地震带上,所以,这里也是世界上发生火山喷发和地震最多的大洲。

▲ 亚洲美景

整个亚洲的地势中部高，四周低，许多大河流都是从中部的高原和高山发源，随后成放射状向四面八方的海洋流去。其中比较著名有长江、黄河、叶尼赛河、恒河以及印度河等。在这些河流的中下游都有宽阔的平原和三角洲，比如我国境内的华北平原、长江中下游平原、珠江三角洲等。

▼ 中国长城　　　　　　　　　　　▲ 秦始皇兵马俑

欧洲

欧洲的全称为欧罗巴洲。总面积约有1016万平方千米。在欧洲的版图上分布着众多的岛屿，这些岛屿的总面积占欧洲总面积的7%左右。欧洲的人口不多，总数只有8亿左右，占世界总人口的12.4%，但是，这里却是人口密度最大的洲。

▲ 法国埃菲尔铁塔

欧洲南部的主体山系是阿尔卑斯山。在这里有很多海拔超过3000米的高山。欧洲的平原占欧洲领土面积的比例是其他几个大洲之中最高的。

▲ 梦幻般的欧洲城堡

欧洲处于欧亚大陆的西部，北临太平洋，东以乌拉尔山、乌拉尔河、高加索山、里海、马尔马拉海峡、达达尼尔海峡与亚洲分界，南隔地中海与非洲大陆相望。欧洲的岛屿比较多，而且多为半岛，比较大的有斯堪地纳维亚半岛、伊比利亚半岛、巴尔干半岛、亚平宁半岛。

▲ 马其顿国家公园美景

欧洲有着悠久的历史，也是人类文明的重要发祥地。公元前4000—前2500年，在欧洲南部曾经广泛地分布着巨石文化。爱琴文明是世界文明史上的一颗璀璨明珠，并且给人类留下了珍贵的文化遗产。

欧洲大陆的结构主要分为四部分：

1.沿海和内地的平原

2.中部山地和高原

3.西部高山

4.南部山区

欧洲同时也是世界上工业高度发达的地区之一。这里曾经发生过几次重大的工业革命和动力革命。这里注重加工型工业，主要工业部门有钢铁、船舶和飞机、汽车、机电制造业，以及化工、食品和医药。欧洲大陆向来是工业产品出口的主要地区之一。

北美洲

北美洲全称北亚美利加洲，是世界上面积第三大的大洲，整个北美洲面积约为2422.8万平方千米，仅次于亚洲和非洲，占地球陆地总面积的16.2%。

北美洲地域跨度大，纵跨寒、温、热三带，大部分地区处于北纬30°～70°之间，主要地区处在北温带。由于地形地貌的影响，北美大陆中部的广大地区以温带大陆性气候为主，冬季干冷，夏季潮湿炎热，气温变化较大。

由于大陆南北畅通，气候多变，所以经常受到寒潮和飓风的威胁。这里的龙卷风活动比较频繁，尤其是美国的中部地区，经常可以看到不同程度的龙卷风现象。

北美大陆的水系比较明显地呈东西南三个方向分流特征。

北美洲的第一大河是向南流向墨西哥湾的密西西比河。

北美洲的美国与加拿大之间，由于湖泊众多，人们称这里为"五大湖流域"，包括苏必利尔湖、休伦湖、伊利湖、密执安湖和安大略湖。

北美大陆和亚洲一样，是一个矿产资源丰富的大陆，很多金属和非金属矿产的储量都居世界之首。尤其在北部的加拿大境内，铁、镍、铜、钨、金等矿藏的含量均居世界前列。中部含有丰富的煤炭资源，石油、天然气储量也很丰富，这里是北美洲的资源基地。

◀ 美国自由女神像

▲ 美国大提顿国家公园美景

南美洲

　　南美洲全称南亚美利加洲。南美洲位于西半球的南部，东面是大西洋，西面是太平洋，北临加勒比海，南隔着雷克海峡与南极大陆遥遥相望，南美洲大陆西北部与北美洲大陆之间只隔着一条巴拿马运河。

　　南美洲大陆北宽南窄，最东面是位于巴西的布朗库角，西面一直到秘鲁的帕里尼亚斯角，南面一直到弗洛尼德角，北至加伊纳斯角。整个南美洲大陆的总面积约为1797万平方千米，而其中岛屿的总面积占了整个洲面积的9％。

　　南美洲的人口约为3.5亿，大约占世界总人口的6％。但是由于地域环境的限制，人口分布极不均匀，大部分集中在西北部和东部的沿海地区，那里的人口密度相当大；而广阔的亚马孙平原则是世界上人口最为稀少的地区。

　　印第安人曾经是这个大洲的主人，它们很早就在这块土地上生活了，它们是南美洲的当然开拓者。

身穿民族传统服装的印第安人　▶

▼　蜿蜒的亚马孙河

▼ 巴西伊瓜苏瀑布群

　　南美洲的大陆轮廓相对比较简单，大部分地区山脉走向与大陆海岸的边缘基本平行，崖岸大多是平直陡峭的，基本没有什么大的半岛和海湾。南美洲整个的海岸线总长度约为2.87万千米。

　　南美洲陆地地形结构由三个南北纵裂带组成，北部和西部主要是安第斯山脉，而中部主要是山地，东部主要以高原为主。南美洲的最高峰，同样也是西半球的最高峰，是玻利维亚境内的汉科乌马山，高达7010米。

　　南美洲的矿藏种类丰富，例如铁、铬、铜、铝土、铅、锌等，而非金属云母、硝石、石英、硫磺的储量也位居世界前列。在巴西米纳斯吉拉斯州中部蕴藏着优质的铁矿，铁的含量达到60%以上，储量惊人，据勘测约有300亿吨，这里被称为"铁四边形地区"。

非洲

　　非洲的全称为阿非利加洲，在拉丁语中的意思是"阳光灼热的地方"。这里东邻印度洋，西临大西洋，北面隔着大西洋的属海地中海和直布罗陀海峡与欧洲大陆遥遥相望。东北面以红海和苏伊士运河与亚洲相邻。

　　整个非洲大陆的总面积约为3020万平方千米，占世界陆地总面积的20.2%，是地球上仅次于亚洲的第二大洲。非洲大陆的地形和南美洲相似，也是北宽南窄，南北最长为8000千米，东西向最宽跨度达到7500千米，这里的陆地主要为高原大陆，地表平均海拔750米。

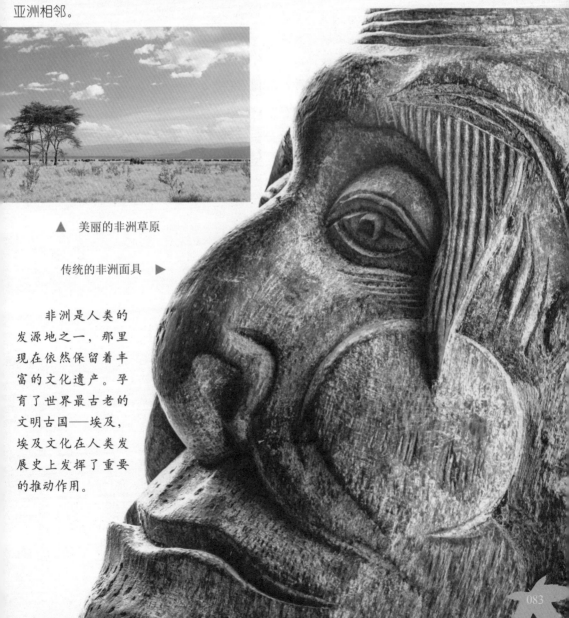

▲　美丽的非洲草原

传统的非洲面具　▶

　　非洲是人类的发源地之一，那里现在依然保留着丰富的文化遗产。孕育了世界最古老的文明古国——埃及，埃及文化在人类发展史上发挥了重要的推动作用。

083

非洲大陆的大部分地区处于热带低纬度地带，有"热带大陆"的称号。这里气候的最显著特点就是高温、干燥，降雨的分布也很不平衡。非洲赤道地区的降水量很大，并且向南北两侧逐渐递减，有些地方的年降水量达到1万毫米以上，还有些地方则终年没有降雨。

由于气候和地形的原因，非洲拥有大面积的沙漠地区，这个洲的沙漠面积占非洲大陆面积的30%以上。其中，撒哈拉沙漠是世界上面积最大的沙漠，总面积超过900万平方千米，占据了非洲北部的绝大部分地区。这里也是世界众多探险者的征服目标。非洲的最高山是乞力马扎罗山，海拔5895米。

非洲是一个气候纬度地带性很明显的大洲，赤道地区为热带雨林气候，由此向南北两侧依次变更为热带草原性气候、热带干旱性气候，大陆的南北两侧主要为亚热带地中海气候。

非洲马赛人的传统村落 ▶

▼ 生活在非洲草原的动物们

大洋洲

大洋洲在七个大洲当中是个头最小的一个，它的陆地总面积约为890万平方千米，占世界陆地总面积的6%左右。大洋洲并不是一块完整的大陆，它主要包括澳大利亚大陆、新西兰南北半岛、新几内亚岛，以及太平洋中的密克罗尼西亚、玻利尼西亚和美拉尼西亚三大群岛。

大洋洲主要以澳大利亚大陆为主，位于亚洲的东南部，南极洲的北部，大部分地区处于赤道以南，西面是印度洋，东面是太平洋。地理位置特殊，使大洋洲自然地成为国际交通和运输的重要地区，当然也是军事战略上的要地。

大洋洲矿藏丰富，石油、天然气储量颇丰，煤、金、锰、钨、铜、蓝宝石等矿产也有不低的储量。

澳大利亚大陆上的动物和植物与其他大陆有着明显的不同，有将近3/4的动植物品种是其他大陆所不具有的。植物要数桉树最具特色，动物要数树袋熊最受宠。还有长尾巴袋鼠、珍奇的鸭嘴兽，都是世界上极为珍稀的动物。

▼ 风景如画的新西兰　　▲ 树袋熊

南极洲

在外太空中看地球，能够清晰地看到在地球球体的底部有一个雪白色的地区，这就是南极大陆。南极大陆与周围的岛屿一起被称为南极洲。

南极洲位于地球的最南端，四面被太平洋、大西洋和印度洋所包围着，这样看来这绝对是一个孤立的大陆。整个南极大陆常年被冰雪覆盖，几乎看不到裸露的陆地，就像是一个被海洋包围着的"大冰块"。

▼ 南极考察船

◀ 南极科考站

南极洲是一个所处纬度最低的大洲，同时，这里也是世界上气温最低、气候条件最为恶劣的大洲。暴风骤雪是这里常见的天气，有时一场暴雪能下一个多月，最冷的时候气温将近-80℃。

在南极大陆上，冰层平均厚度达到1800米以上，最厚的冰层居然有4000米厚，远远超过了其他大洲的一些山脉的高度。全世界90%的自然冰都集中在这里，假设整个南极洲的冰层全部融化，世界海洋的水面将会上升50～70米。

▼ 企鹅

这里生命贫瘠，尤其植物少得可怜，大陆的边缘只生有一些苔藓和地衣。而动物，最为耀眼的主角就是憨态可掬的企鹅，它们成群结队地在冰面上活动，时常几千只一起来到岸上晒太阳。

山脉

在地球的表面上分布着许多蜿蜒曲折、雄伟壮丽的群山。山是陆地表面具有较大高度和坡度的隆起型地貌，一般平均高度在500米以上，山主要由山顶、山坡和山麓三部分组成。根据山的成因又将山分为褶皱山、断层山、褶皱—断层山、火山和侵蚀山等。

1.褶皱山

由于地壳岩层受到地球内部力量的挤压，使得表层发生弯曲隆起，形成褶皱山，如喜马拉雅山。

2.断层山

岩层发生断裂，并且在断裂过程中被抬升，这样就会形成断层山。庐山形成即是一例。

3.褶皱—断层山

褶皱—断层山是褶皱山经过断裂抬升而形成的山体，如阿尔泰山、天山。

4.火山

火山是由地球内部的炽热岩浆及伴生的气体和碎屑物质喷出至地表后冷凝、堆积而成的山体，如奥古斯丁火山。

我国的山脉呈网络状分布，有东西走向的、东北—西南走向的、南北走向的。在东西走向的山脉中，秦岭作为黄河和长江两大水系的分水岭，是我国最大的一道天然"避风墙"，也是我国地理上一条重要的分界线。

世界上最长的山系是位于南北美洲的太平洋沿岸的科迪勒拉山系，全长约1.5万千米，是南北美洲西部的巨大屏障。

世界上还有许多著名的山脉，如南美洲的安第斯山脉、亚洲的喜马拉雅山脉和欧洲的阿尔卑斯山脉等。其中，阿尔卑斯山脉和喜马拉雅山脉，在全世界的山脉家族中是最年轻的山脉，它们现在依然处于持续升高的时期，具有旺盛的生长能力。

珠穆朗玛峰

珠穆朗玛峰在藏语中是"女神"的意思，它是喜马拉雅山系的主峰，海拔高度为8844.43米，是世界上最高的山峰，素有"世界之巅"的美称。

珠穆朗玛峰地势险要，气候条件十分恶劣。从远处看上去，珠穆朗玛峰呈锥形，有点像埃及金字塔的形状。它的顶端是一个鱼脊梁地带，长约10米，宽约1米。峰顶的最低温度一般在-30°C～-40°C之间。这里不仅地势险峻，而且常伴有七、八级以上的飓风。

珠穆朗玛峰虽然是当今地球上最高的山峰，但它并不是天生的巨大。在3000多万年前，这里不过是大洋盆地中的一个小山头。后来由于地球地壳的运动，开始慢慢升高，经过几千万年的生长之后才变成了现在的模样。

阿尔卑斯山脉

阿尔卑斯山脉是原古地中海的一部分，新生代第三纪时，非洲板块和亚洲板块发生相互挤压，致使这里的地壳弯曲，向上隆起形成了山脉。

近200多万年以来，欧洲经历了几次大的冰期，阿尔卑斯山也没有逃过这一劫，这里大部分的山体被厚厚的冰层所覆盖。直到现在，阿尔卑斯山脉中还有总面积达3600多平方千米的1200座冰川。

这里奇岩怪石突兀林立，山势险峻。不仅有众多的河流，而且到了每年的春天，绿草和鲜花把阿尔卑斯山妆点得分外迷人。

▼ 连绵起伏的山脉

盆地

　　大部分陆地的地势都是比较平坦的，但是也有其他特殊的地形特征，比如说盆地。盆地指的是在地势比较平坦的地区，周围被高山或是地势较高的地形所包围的封闭式区域。

▲ 刚果盆地是世界上最大的盆地

　　在我们生活的地球上，许多地方都可以看到盆地，它们面积大小不一，形状各异。面积小一点儿的盆地仅有几平方千米，面积相对较大的盆地也是数目不少，仅我国境内的塔里木盆地的大小就足以超过几个内地省份大小的总和。

▼ 风景如画的四川盆地

内流盆地

　　当盆地的周围地势比较高时，流入盆地内部低洼地区的河流就很难流出盆地，这样就形成了只有进没有出的现象，我们将这种盆地的类型称作内流盆地。内流盆地主要分布在内陆地区，气候条件主要以高温干旱为主，降雨与内陆地区相比少得可怜。但自然资源充足，土壤下层的矿藏储量丰富。

　　世界上的盆地并非都是分布在平原上，有很多盆地是在地势低洼的洼地，那里地势最低的地方位于海平面以下400米；也有的盆地是分布在地势较高的高原地区，有些高原盆地的海拔高度在1000米以上。当然，那里的生存环境也是相当恶劣的。

▲ 内流盆地

内流盆地中的佼佼者——柴达木盆地

柴达木盆地位于我国青藏高原东北部，平均海拔在2000米以上，属于上面我们说过的地势较高的盆地。

柴达木盆地蕴藏着丰富的食盐、芒硝和钾盐等矿物，所以有中国的"聚宝盆"之称。

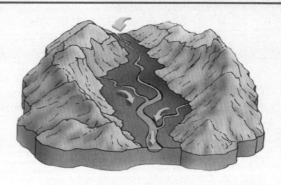

▲ 外流盆地

外流盆地

在盆地的家族中，有些盆地并不像一个完整的盆地，而是呈现出"肢体残缺"的样子，常见的是在盆地的盆边上开了一个缺口，有河流从这里穿过。一直流向大海，像这样的盆地，我们称之为外流盆地。

外流盆地的水源充足，土壤肥沃，是人类生活和农业种植的好地方。世界上的很多大城市也是"居住"在外流盆地当中的，比如英国首都伦敦、法国首都巴黎，都是处在外流盆地当中的美丽城市。

山地盆地

山地盆地是盆地家族中最为常见的一种类型，主要分布在山区，它们面积较小，面积从几十平方米到几千平方米不等。山地盆地中往往人丁兴旺，经济相对发达，因为这里的地表条件和优越的水利资源是发经济的优势所在。

盆地的优势

1.矿藏丰富

盆地河流在其源源流入时，不仅带入很多泥沙，而且也入大量矿物和有机物质。这些物质长期沉积在盆地的砂石地层间，日久天长就逐渐形成丰富的矿藏。

2.有利于发展农业

盆地的地势通常都很平坦，而且水利资源丰富，土壤肥沃，为农业发展提供了得天独厚的地理条件。例如：我国的四川盆地，不仅有充足的水源，形成良好的灌溉条件，生产稻米、油菜、棉花，而且山地上还可以种植柑橘和药材。

▲ 四川盆地中可爱的大熊猫

平原

在我们生活的地球上，平原是面积最为宽阔、最为平坦的地域，就像大地上的一张大地毯，绵延千里。在地理学上，人们将地表海拔低于200米的土地称作平原。世界上平原的总面积约占陆地总面积的四分之一。

平原的类型

平原可以分成冲积平原和侵蚀平原两大类型。

1.冲积平原

冲积平原主要是由于河流的冲积而形成的。地势比较平坦，面积广阔，大多分布在大江、大河中下游的两岸地区。

2.侵蚀平原

侵蚀平原主要是在风、海水和冰川等外力的不断侵蚀下切割而成的，这样的平原地面起伏比较大。

世界上大部分的平原都是由于河流的冲积形成的，河流对地表的冲击作用是相当大的，它不仅在扩展着河床的面积，而且还将大量的泥沙搬运到下游河口地带，时间长了，逐渐形成大规模的堆积。

平原上的农业生产

平原是发展农业生产最理想的环境。大部分的平原地区都会有大片大片的农田，种植着各种农作物和经济作物，如粮食、蔬菜、水果等等。如果当地平原气候条件允许的话，平原周围的山地也可以得到充分的利用。

平原地区的土地利用率很高，很少有闲置的土地，在平原上基本上都是连成一片的绿油油的田地，种植的作物不同，彼此相互交错。平原也是村庄最好的建造场所。我国的长江中下游平原就是重要的粮食生产基地。

▲ 平原上的农田

三角洲平原

三角洲平原主要是指在河流的入海口处，由于汊流相对地比上游河道多，而且形状自然形成酷似三角形的样子，所以我们将这样形成的平原称作三角洲平原。

三角洲平原通常都是高出地平面一两米的低势平原。

一般来说，世界上大部分河流在入海口处都会形成不同规模的三角洲平原。在我国面积比较大的有长江三角洲平原和珠江三角洲平原。

▼ 一望无际的平原

平原上纵横交错的
交通网络

平原地区是地球上聚落最为密集的地区，从乡村到城镇都有分布。世界上几乎所有的特大工商业城市都是在平原上建成的，比如：法国的巴黎、美国的纽约、埃及的开罗、俄罗斯的莫斯科以及我国的北京，它们都是分布在平原之上的。

平原上连接城市与城市、乡村与乡村、城市与乡村之间的道路构成了四通八达、纵横交错的交通网，这不仅是一条条延伸的道路，更是连接经济运输的纽带。正是发达的交通工具和交通道路，使平原上的不同城市和村庄可以进行相互交流，形成流动的平原经济体系。

丘陵

丘陵是地球陆地上起伏程度比较和缓、连绵不断的高地，它的平均海拔高度基本在200米以上、500米以下。单独孤立的叫作丘，丘连在一起形成群丘叫作丘陵。丘陵的的形态不是很规范，没有明显的脉络。主要的特征就是顶部浑圆，坡度相对缓和，这是山地经过长久侵蚀的结果。

在欧洲的法国东部到德国的慕尼黑、法兰克福一带都属于丘陵地带。

 美丽的丘陵

丘陵其实是山地向平原转化过程当中的一个形态阶段。从地形的位置来看，丘陵通常分布在山地或高原与平原交界地区，这里是一个地形地况过渡的地带，但是也有少量丘陵是直接分布在平原当中的。

从气候的形成原因上分析，多雨地区的丘陵数量要多于少雨地区。丘陵地区的降雨量一般比较充足，适合经济林木和果树的栽培生长。

丘陵在陆地上的分布很广泛，在欧亚大陆和美洲大陆都有大片的丘陵地带。北美洲的五大湖流域和阿巴拉契亚山脉分布着丘陵地带。在南美洲的亚马孙平原与巴西高原的交界地区，也分布着大量的丘陵地带。

我国也是一个丘陵地较多的国家，全国丘陵地区的总面积约有100万平方千米，占我国领土总面积的10%。比较著名的丘陵有江南丘陵、山东丘陵和辽东丘陵等。

高原

　　高原是地球上最为雄伟挺拔的，蜿蜒起伏的高原是在长期、连续大规模的地壳运动中形成的。高原的海拔一般在1000米以上，有些高原表面宽广平坦，地势的起伏程度不是很大；也有些高原连绵起伏，地势变化比较复杂。

　　高原的海拔相对其他地区都要高，所以那里的太阳辐射相当强烈，而且日照的时间长，许多高原城市的全天日照时间超过12个小时，比如我国青藏高原上的拉萨，就因为日照时间长，被人们称为"日光城"。

　　高原地区空气比较稀薄，气压又低，初到高原的人都会有很严重的高原反应，头晕目眩，呼吸困难。

世界上的著名高原

亚洲

　　青藏高原：面积为250多万平方千米。

　　印度半岛的德干高原：面积为200多万平方千米。

　　伊朗高原：面积为250万平方千米。

南美洲

　　巴西高原：面积为500多万平方千米，是世界上面积最大的高原。

非洲

　　非洲其实就是一个高原型的大陆，平均高度基本上在海拔1000米以上，埃塞俄比亚高原海拔2000多米。非洲东部高原上面有众多的湖泊，不仅面积大，最深的能够达到1000米以上，是仅次于贝加尔湖的世界第二深水湖。

生活在非洲高原的长颈鹿 ▶

山地

　　山地是陆地上平均海拔在500米以上，具有较大高度和坡度的地形，它们以比较小的峰顶面积区别于高原，以具有比较大的高度区域区别于丘陵，连绵起伏的群山在一起就形成了山地大家族。

　　山地的规模大小也不同，根据山的高度分为高山、中山和低山。

高山：海拔在3500米以上

中山：海拔在1000～3500米之间

低山：海拔低于1000米

山脉和山系

　　地球的山地主要是由成群的山构成的，它们大多是具有明显走向长条形的山地，我们称之为山脉。山脉是排列有序的。当几条走向大致相同的山脉汇集在一起，就会形成一个更为巨大的带状山地，我们称之为山系。世界上比较著名的山脉有喜马拉雅山脉、阿尔卑斯山脉等。

山地的形成

　　地球上的山地主要是由于地壳抬升形成的，也有一部分是由于火山喷发形成的。地壳抬升作用力是来自地壳的水平相对运动形成的内力。在这种力的作用下，地层会被挤压得变形，从而造成地壳隆起，形成山地。

▲　喜马拉雅山阿玛达布朗峰

　　山地的地表形态是多种多样的，它们有的彼此平行延伸，像是搭着胳膊的兄弟站在一起；也有的相互重叠，连绵不断。

▲　阿尔卑斯山脉下的美丽村庄

▲　美国斯奈弗山

沙漠

　　沙漠是地球上最为干旱的地形，也是最为常见的自然景观，在世界的很多地方都有分布，全球沙漠面积占地球陆地总面积的十分之一。沙漠中烈日炎炎，狂风弥漫，黄沙滚滚，那里植物稀少，只有孤零零的仙人掌和一些抗旱能力较强的植物。

　　荒漠的形态各种各样，主要常见类型有沙漠、砾漠和岩漠。

　　沙漠其实是荒漠家族中最为常见的一种类型，地表覆盖着厚厚的黄沙，由于风的搬运作用形成一个个沙丘。这些沙丘又在流动中变换位置，经常可以听说：一夜之间一个村庄或是湖泊被新的沙丘所占领。

　　砾漠也被称作戈壁，地表由大小不一的砾石组成，在我国的西北部就分布着许多戈壁。

　　岩漠是指风带走地表上的松散沙子之后剩下的部分。

▼　美丽的沙漠绿洲

沙丘的形成

　　在沙漠中，地表的沙粒被狂风卷起来，又在另一个地方落下来，这样持续过程中就会形成不同形态的沙丘。最为常见的沙丘类型有弧形的沙脊线、月形的沙丘等。

▲　连绵起伏的沙丘

　　新月形沙丘有单独存在的，也有连接在一起的，形成一个新月形沙丘链。

　　垄形沙丘的向风坡和背风坡差别并不大，它们通常也是连在一起，形成一条高垄，一连就是几千米，起伏不断，像是沙漠中的一排排波浪。

　　而我们印象中的沙丘往往都是金字塔形的，这种沙丘主要分布在亚洲阿拉伯半岛的沙漠中，体积比其他的沙丘类型要大一些，高度可以达到几十米，是沙丘中最为普遍的类型。

沙漠中的绿洲

沙漠并不像我们想的一样，到处是一片灼热荒芜的景象。其实在沙漠中还是有一些地区有相对充足的水源，在那里也会出现水草肥美的绿洲。那里的气候条件和地理条件适合种植庄稼和果树，那里也会有人居住，也会有村落。那里独特的自然环境使得出产的水果和蔬菜病虫害少，口感很好。

世界上的沙漠大多分布在南北纬15°至35°之间的地区，这里的气候特点比较复杂，气压高，风是从陆地吹向海洋的。这里的降水本来就少，再加上气温高，蒸发较快，所以很难有植物能够生长。

沙漠给人类的生活造成了很多不便和极大的危害。它的逐渐蔓延会有吞食村庄、农田、公路的危险，给人类的生产建设和生活造成了巨大的损失。全球的沙漠化已经被列为当今世界三大问题之一，人类已经向还在不断扩展的沙漠宣战了。治理沙漠的最好办法就是合理地开发和利用，大量植树造林，这样日益严重的地球沙漠化是可以被控制的。

▼　撒哈拉沙漠中的绿洲

世界上最大的沙漠——
撒哈拉沙漠

撒哈拉沙漠位于非洲北部，东西长5600千米，南北宽2000千米，总面积超过900万平方千米，是世界上面积最大的沙漠。撒哈拉沙漠虽然荒芜一片，但是在它的地层深处却蕴藏着丰富的矿藏，这里不仅天然气和石油的储量惊人，而且铁、镍、锰、铀等金属矿藏的储量也很丰富。

岩溶地貌

地球中的石灰层是由远古地质时代的深海沉积物经过很长时间形成的。当遇到下雨和地下水的冲刷经长年累月的腐蚀后，岩石层就会逐渐被腐蚀变质。这种破坏作用称作岩溶。经过岩溶作用之后，地表以及地下的某些区域会形成形态奇特的岩溶地貌，十分壮观。

岩溶作用最普遍的生成物有石林、峰林、溶洞、地下河等。

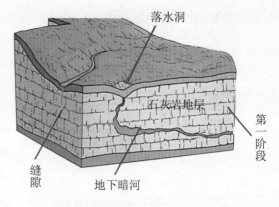

落水洞
石灰岩地层
第一阶段
缝隙
地下暗河

▲ 张家界峰林

"喀斯特"

岩溶地貌最早是在亚得亚里海边的喀斯特地区发现的，后来人们就习惯将这种地形称作"喀斯特"地形。

我国的广西、云南等省分布着很多石灰岩，这些省区的岩溶地貌也是中国国内数量最多的，在那里形成了一个以岩溶洞为旅游项目的特色风景区。

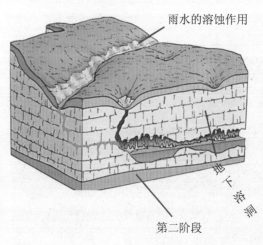

雨水的溶蚀作用
地下溶洞
第二阶段

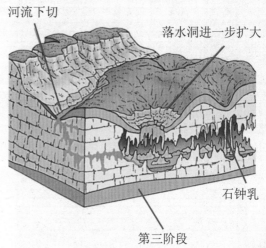

河流下切
落水洞进一步扩大
石钟乳
第三阶段

美丽奇特的溶洞

岩溶丰富地区的地下水顺着岩石的层面或是缝隙流下，水在流动过程中对岩层进行腐蚀，这样时间久了就形成了我们现在看到的溶洞。

地壳向上升，地下水的水面不断向下降，溶洞就会慢慢地露出水面。溶洞的结构大小不一，洞底的起伏又很大，当我们走进洞中，就会看到一个光怪陆离的奇特世界。溶洞里面怪石林立，岩石被腐蚀成石花、石钟乳等形态，倒挂在洞顶的岩石上。

溶蚀作用

热带森林的气候通常高温多雨，因此那里植物繁茂。由于雨水中含有大量二氧化碳，而二氧化碳溶解在水中又会形成碳酸。这种含有碳酸的雨水经过岩石的缝隙流入石灰岩地层中，会对石灰岩产生持续的强烈溶蚀作用。

石灰岩的构成物质是碳酸钙，碳酸钙会与水中的碳酸发生化学反应生成碳酸氢钙。碳酸氢钙可以溶解在水中，随后被流水带走。这样，经过长时间的腐蚀，岩石的缝隙会不断增大，最后就会在地表下面形成溶洞。

岩溶地貌形成的初期阶段，腐蚀性的雨水对岩层的溶蚀作用还是比较弱的，刚开始只有岩石的表面会变成尖形的石矛。

石林

在热带高温多雨的条件下，雨水带有很强的溶蚀作用，石灰岩的表面就会形成崎岖不平的岩溶地貌。石柱和石峰之间会有相当深的沟，它们的相对高度约有20米左右，高的可以达到50米。高大挺拔的岩柱就像是参天的古木，郁郁葱葱地矗立在那里，形成一个小森林，因此得名石林。

▲　云南石林

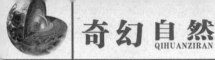
冰川

冰川是指在地面上长期存在，并且能够缓慢移动的冰体。它是寒冷气候条件下的产物，在地球南北两极和纬度较高的高山地区都有大量分布。那里气候非常寒冷，积雪终年不化，长时间积雪的大量堆积和相互挤压，形成了透明的较厚的冰层。冰层在压力和重力的作用下会沿着倾斜面缓慢移动，经过长时间这样的运动就形成冰川。

大陆冰盖

大陆冰盖又被称作冰被，多数分布在两极地区。

地球的大陆冰盖事实上只有两个，一个是南极冰川，一个是格陵兰冰川。

虽然大陆冰盖的数目很少，但是它们的总体积加起来却占全球冰川总体积的99%。

山岳冰川

山岳冰川的形态受地形的影响比较大，体积也要比大陆冰盖小得多，它们大多数分布在地球其他大陆的高山上。比如我国西部的祁连山、昆仑山和欧洲的阿尔卑斯山等海拔较高的山脉上。

尤其是欧洲的山脉，由于被大量积雪覆盖，已经成为游客经常光顾的旅游滑雪胜地。那里的美丽雪景连绵不断，有的像是盘旋在云间的白龙，有的像是一片巨大的瀑布，还有冰塔、冰洞，千姿百态的雪景给大自然平添了勃勃生机。

冰川是地球上重要的淡水资源，它是一个大型的固体水库，这里储藏着全球将近70%的淡水资源。

冰川既是许多河流的源头，又能够对全球的海洋起到很好的调节作用，冰川也是戈壁绿洲灌溉农田的主要水源。

北极熊 ▶

移动的冰川

冰川形成冰的河流，它们也在不断地移动，只是由于移动的距离不大，所以给人的感觉不是很明显。它们一天通常移动几厘米到十几厘米不等，人的肉眼是很难看出来的。例如：如果在冰川的前面放一个标志杆，等到数日之后再来观察，就会发现冰川与标志杆之间的距离有所缩小。

冰舌

冰舌指的是冰川的前端。

冰舌的前面是没有积雪覆盖的山谷，后面是巨大的冰川。冰舌看上去是保持静止的，原因是冰舌早已进入了雪线以下，随着气温升高冰川会逐渐融化，后面的冰川仍然持续不断向前移动。这样，冰川的融化和补充相互抵消了，所以看上去冰舌是固定不动的。

海洋

海洋是指地球上有相似盐类成分的水域。地球的海洋总面积在3.62亿平方千米左右，约占地球面积的70.8%。北半球的海洋总面积占北半球总面积的61%；南半球的海洋面积占南半球总面积的81%。

由于地球的表面大部分被海洋所覆盖，因此也可以将地球形象地描述为"水球"。通常海洋的中心称为洋，边缘部分统称为海，海与洋的相互交融和沟通就构成了海洋。

全球海洋平均深度为3800米。世界上最深的海深度为11034米，容积为3.7亿立方千米。

通常我们将全球的大洋分为太平洋、大西洋、印度洋和北冰洋四大洋。太平洋是世界上面积最大的大洋，约占世界大洋总面积的一半，它呈扁椭圆形展开在美洲、亚洲和大洋洲之间。

洋

洋是海洋的主体部分，通常远离大陆，深度较大，面积较广，温度、水色和盐度都不受大陆的影响，并且有独立的潮汐系统和强大的洋流系统。

世界上洋的总面积为3.2亿平方千米，占地球海洋总面积的89%左右，占地球总面积的63%。

太平洋

　　太平洋是世界上面积最大、深度最深、边缘海和岛屿最多的大洋。它位于亚洲、大洋洲、美洲和南极洲之间，北面以白令海峡和北冰洋相连；南达南极洲；东南以南美洲南端与南极半岛的连线与大西洋分界。

鞍斑蝴蝶鱼　　小丑鱼

　　太平洋中岛屿总数约有1万个，总面积约440万平方千米，占世界岛屿总面积的45%，是岛屿最多的海洋。

　　西岸自北向南分布着一系列的岛弧，岛屿交错出现，岸线相对曲折，岛弧后面的深海盆较浅，大陆架比较宽广。

太平洋东西两岸的海岸类型有着明显的差异。东海岸的山脉走向与海岸线平行，海岸线平直而陡峭，大陆架相对狭窄。

太平洋的轮廓近似圆形，它的中心约在莱恩群岛附近。大洋周围的海岸切割较轻。东部海岸线与山脉走向平行，海岸比较平直陡峭，切割较小，较大的海湾有阿拉斯加湾、加利福尼亚湾。南极洲大部分海岸由冰块构成，冰舌外突，成为冰障连绵的冰川海岸，主要边缘海有罗斯海。

太平洋南北最长为15900千米，东西最宽为19900千米，总面积达到17968平方千米。平均深度为4028米。其中最大深度为11034米，这里的海洋容积也是居四大洋之首。

▲ 美丽的太平洋海滩

太平洋气候主要以热带和亚热带气候为主，兼有其他各种气候类型。

太平洋的海洋资源非常丰富，现在最主要的开发项目为水产资源和矿产资源。这里的渔获量一直居于世界四大洋之首，几乎占到了世界渔获量的一半。太平洋渔区和秘鲁渔场是主要的渔场。在太平洋的深海盆地中已发现储藏着大量的石油和天然气，由此，海上油田应运而生。

大西洋

　　大西洋位于欧、非洲与南、北美洲和南极洲之间。面积9336.3万平方千米，约占全球海洋面积的25.4%，约为太平洋面积的一半，为世界第二大洋。

　　大西洋南接南极洲；北以挪威最北端－冰岛－格陵兰岛南端－戴维斯海峡南边－拉布拉多半岛的伯韦尔港与北冰洋分界；西南以通过南美洲南端合恩角的经线同太平洋分界；东南以通过南非厄加勒斯角的经线同印度洋分界。大西洋的轮廓略呈"S"形。大西洋的平均深度为3627米。最深处达9219米，在波多黎各岛北方的波多黎各海沟中。大西洋海底地形特点之一是大陆棚面积较大，主要分布在欧洲和北美洲沿岸。

　　这里的渔业、海洋资源丰富，西北部和东北部的纽芬兰和北海地区为主要渔场，盛产鲱、鳕、沙丁鱼、鲭、毛鳞鱼等，其他尚有牡蛎、贻贝、螯虾、蟹类以及各种藻类等。海洋渔获量约占世界的1/3~2/5左右。南极大陆附近产鲸、海豹和磷虾，海兽捕获量也很大。

　　大西洋航运发达，东、西分别经苏伊士运河及巴拿马运河沟通印度洋和太平洋。海轮全年均可通航，世界海港约有75%分布在这一海域。

　　大西洋的气候，南北差别较大，东西两侧亦有差异。气温年较差不大，赤道地区不到1℃，亚热带纬区为5℃，北纬和南纬60°地区为10℃，仅大洋西北部和极南部超过25℃。大西洋北部盛行东北信风，南部盛行东南信风。

▲　大西洋沿岸的教堂

▼　大西洋上的帆船和灯塔

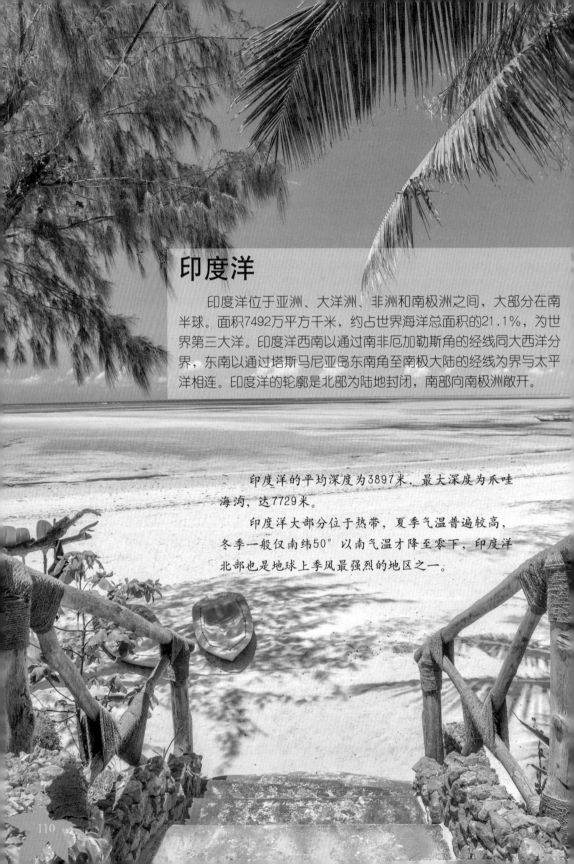

印度洋

印度洋位于亚洲、大洋洲、非洲和南极洲之间，大部分在南半球。面积7492万平方千米，约占世界海洋总面积的21.1%，为世界第三大洋。印度洋西南以通过南非厄加勒斯角的经线同大西洋分界，东南以通过塔斯马尼亚岛东南角至南极大陆的经线为界与太平洋相连。印度洋的轮廓是北部为陆地封闭，南部向南极洲敞开。

印度洋的平均深度为3897米，最大深度为爪哇海沟，达7729米。

印度洋大部分位于热带，夏季气温普遍较高，冬季一般仅南纬50°以南气温才降至零下，印度洋北部也是地球上季风最强烈的地区之一。

北冰洋

北冰洋大致以北极为中心，介于亚洲、欧洲和北美洲之间，为三洲所环抱。面积1310万平方千米，约相当于太平洋面积的1/14，约占世界海洋总面积的4.1%，是地球上四大洋中最小最浅的洋。

北冰洋被陆地包围，近于半封闭。通过挪威海、格陵兰海和巴芬湾同大西洋连接，并以狭窄的白令海峡沟通太平洋。平均深度约1205米，南森海盆最深处达5527米，是北冰洋最深点。

▲ 夏季的挪威海风光

▼ 罗浮敦岛的冬天

北冰洋气候寒冷，洋面大部分常年结成厚厚的冰层。北极海区最冷月份的平均气温能够达到-20℃～-40℃，暖季也多在8℃以下；年平均降水量仅75～200毫米，格陵兰海可达500毫米；寒季常有猛烈的暴风。

这里的海洋生物相当丰富，以靠近陆地为最多，越深入北冰洋则越少。邻近大西洋边缘地区有范围辽阔的渔区，遍布繁茂的藻类（绿藻、褐藻和红藻）。海洋里有白熊、海象、海豹、鲸、鲱、鳕等。苔原中多皮毛贵重的雪兔、北极狐。此外还有驯鹿、极犬等。

岛屿

岛屿，是对海洋中露出水面、大小不等的陆地的统称。屿是比岛更小的海洋陆块。岛和屿如何划分，现在还没有具体的界限。世界上只有我国南方一些省份，特别是台湾省，常用屿来命名小海岛，如兰屿、绿屿、花屿、东宝屿、西吉屿、大屿、棉花屿、花瓶屿等，就是台湾周围的小岛，其他地方就很少用屿来命名小岛。

就某些屿来说，它的面积，比我国沿海许多有名小岛的面积还大。如山东的刘公岛、广西的涠洲岛等，这些小岛的面积，比兰屿面积小得多，但它们称岛，而不称屿。

礁

平时人们常把岛和屿连起来，用于泛指各种大小不同的海洋中的陆地。人们还常用礁、滩来称呼它们，露出水面的叫岛礁，隐伏在水下的叫暗礁。暗礁是航船危险的障碍，船在海洋航行，如果触到了暗礁，就会造成沉船的灾难。

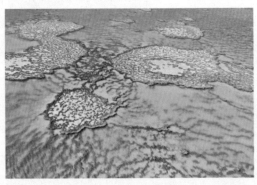

▲ 澳大利亚大堡礁

海峡

海峡是指两块陆地之间连接两个海或洋的较狭窄的水道。它一般深度较大，水流较急。由于地理位置特殊，海峡往往是重要的交通水道。据统计，全世界共有海峡1000多个，其中适宜于航行的海峡约有130多个，交通较繁忙或较重要的只有40多个。

▲ 海岛美景

▲ 麦哲伦海峡的乌斯怀亚灯塔

潮汐现象

住在海边的人经常可以看到海水的涨涨落落。它日复一日、年复一年，从不间断。海水退下时，大片的泥滩、沙洲会露出水面；而海水上涨时，又会淹没本属于它的领地。海水的这种涨落运动，就是我们所说的潮汐现象。

▲ 落潮　　　　　　　　　　　　　　▲ 涨潮

很久以来，通过无数次实践，人们发现海水的涨落变化很有规律。一般说来，潮汐的涨落现象平均以24小时50分为一个周期。在一个周期的时间内，最常见到的是两涨两落。在一些地方，这两次涨落彼此之间大致相同，即前一次高潮和低潮的潮差与后一次高潮和低潮的潮差大致相等，涨潮时和落潮时几乎相等（6小时12.5分），称"半日潮"；在另一些地方，这两次高潮和低潮的潮差却相差很大，涨潮时和落潮时不等，称"混合潮"。在一个周期内，也有一些地方只有一涨一落，高潮和低潮之间大约相隔12小时25分，则称"全日潮"。

　　潮汐的升降与潮流的进退，其能量是巨大的。知晓潮汐的特征，对农业、渔业、盐业的生产以及交通航运有着重要的影响。尤其是如何将潮汐能转换成机械能服务于人类，已成为世界沿海国家开发的重点。

　　据资料记载，在世界海洋中，潮汐能的理论蕴藏量约30亿千瓦时，年发电量可达1.2万亿千瓦时。我国潮汐能蕴藏量也十分丰富，经勘测，理论蕴藏量达1.1亿千瓦时，年发电量可达900亿千瓦时。

海

海是与"大洋"相连接的大面积咸水区域，即大洋的边缘部分，如太平洋边缘的东海、南海，大西洋边缘的北海、地中海，印度洋边缘的阿拉伯海、孟加拉湾、红海、亚丁湾等。另外，一些大面积的内陆咸水湖也被称为海，如里海、咸海、死海等。

海的面积约占海洋的11%，海的水深比较浅，平均深度从几米到3000米。但是，海底的地形却十分复杂，它不仅分布有巍峨的海底山脉、平缓的海底平原，而且还有许多陡峭的海底深沟。由于受海底地形的影响，一个海区的海面会低于或高于另一个海区几米、甚至十几米。

海平面不是平的

在日常生活中，我们习惯于以海平面为准来测量海平面以上的陆上物体的高度。其实，海平面并不平。

为什么海平面不平呢？这要从影响海平面不平的两个主要因素谈起。一是涨潮、落潮、风暴和气压高低等因素，使海面始终不能归于平静；二是海底地形的不同，也决定了海面的不平。

此外，有时海面的高低还与附近的巨大山脉或山脉所组成的物质的积聚有关。这种物质的积聚，可以使其表面引力弯曲，从而形成一种动力，驱使水离开一个地区而流向另一个地区。因此，我们有充足的理由说，海平面往往是不平的。

最古老的海——地中海

当我们打开世界地图，可以看到在欧、亚、非洲之间有一个海，这就是地中海。它是世界上最大的陆间海。东西长约4000千米，南北宽约1800千米，面积约250多万平方千米。地中海西边有21千米宽的直布罗陀海峡，穿过它就到大西洋；东边可以通过苏伊士运河进印度洋，东北部通过达达尼尔海峡、博斯普鲁斯海峡，与黑海相连。

地中海气候独特，夏季干热少雨，冬季温暖湿润。这种气候使得周围河流冬季涨满雨水，夏季干旱枯竭。世界上这种类型气候的地方很少，据统计，总共占不到2%。由于这里气候特殊，德国气象学家柯本在划分全球气候时，把它专门作为一类，叫地中海气候。

▲ 地中海沿岸的意大利阿马尔菲海岸景观

地中海的属海有伊奥尼亚海、亚得里亚海、爱琴海等。意大利半岛、西西里岛、突尼斯和它们之间的水下海岭，把地中海分成东西两半。地中海沿岸国家有阿尔及利亚、突尼斯、利比亚、埃及、以色列、黎巴嫩、叙利亚、土耳其、希腊、阿尔巴尼亚、克罗地亚、意大利、西班牙、法国、葡萄牙和摩洛哥等。

如今，地中海是大西洋的附属海。但是，在地质史上，它比大西洋的"资格"还老。大约在6500万年以前，古地中海是一个辽阔的特提斯海。它的范围很大，向东穿过喜马拉雅山，直通古太平洋。那时，它仅次于太平洋，大西洋还没形成呢！后来，北面的欧亚板块与南方的印度板块漂移并靠近，撞在了一起，挤出一个喜马拉雅山，特提斯海从此便退缩成现在的地中海。

尽管有诸多的河流注入地中海，如尼罗河、罗纳河、埃布罗河等，但由于它处在副热带，蒸发量太大，远远超过了河水和雨水的补给，使地中海的水，收入不如支出多，海水的咸度比大西洋高得多。大西洋的水，由直布罗陀海峡上层流入地中海，地中海的高盐水，从海峡的下层流入大西洋。大西洋很大，水量充足，净流入地中海的水是很多的，每秒钟多达7000立方米。要是没有大西洋源源不断地供水，大约在1000年后，地中海就会干枯，变成一个巨大的咸凹坑。

◀ 地中海沿岸美景

▼ 地中海沿岸的希腊圣托里尼风光

117

黑海

　　黑海是欧洲东南与西亚之间的内海，它的得名有多种说法。有人认为，古代西亚许多民族习惯用色泽象征方位，用"红"表示南方，"黑"和"白"表示北方。由于黑海位处西亚的北方，所以得此名。

▲ 黑海美景

　　另一种观点是，黑海因上层水温高，深层水不能与上层水交流，水中的氧得不到补充，沉积在海底的大量有机物在腐烂分解时把海底淤泥染成黑色，因而得名为"黑海"。

　　黑海在东北部经刻赤海峡连通亚速海，西南通过土耳其海峡与地中海相连，基本是个封闭的海区。注入黑海的河流有多瑙河、第涅伯河、顿河等。

红海

　　红海是指介于阿拉伯半岛和非洲大陆之间的狭长海域，古希腊人称为THALASSAERYTHRAE，今名是从古希腊名演化而来的，意译即"红色的海洋"。此名称的来源，解释甚多。

　　其一，是用海水的颜色来解释红海的名字。

　　其二，认为红海两岸岩石的色泽是红海得名的原因。远古时代，由于交通工具和技术条件的制约，人们只能驾船在近岸航行。当时人们发现红海两岸特别是非洲沿岸，是一片绵延不断的红黄色岩壁，这些红黄色岩壁将太阳光反射到海上，使海上也红光闪烁，红海因此而得名。

　　其三，是将红海的得名与气候联系在一起。红海海面上常有来自非洲大沙漠的风，送来一股股炎热的气流和红黄色的尘雾，使天色变暗，海面呈暗红色，所以称为红海。

　　其四，古代西亚的许多民族用黑色表示北方，用红色表示南方，红海就是"南方的海"。

▼ 黑海沿岸的土耳其阿马斯拉镇美景

海洋生物资源

　　随着人口的增加和工业的发展，人均耕地面积正在逐渐缩小。全世界都在关心地球如何养活人类的问题，其着眼点不能只局限于进一步发展陆地上的农牧业，也要积极开发利用广阔的海洋。海洋中蕴藏着丰富的生物资源，不仅可以建立海上农牧场进行海水养殖，而且还有许多有待于我们去开发的用途。

海上农牧场

　　海上农牧场自20世纪80年代起受到各国的重视。我国拥有近300万平方千米的辽阔海域，也大力发展海水养殖业。到2000年，我国海洋水产品养殖总产量已经接近1000万吨，约占海洋水产品总产量的39%，占世界海洋水产养殖总产量的1/4。目前，我国已成为世界上最大的海洋水产品养殖国。

　　现在，随着科学技术的发展，许多国家纷纷将高新技术应用于鱼类品种的改良上。例如利用遗传基因工程技术，培育、改良鱼虾贝藻的种苗和幼仔，使其成长快、生命力强、肉质好。目前正在研究通过控制遗传基因使具有洄游习性的某种鱼，能对声波和光线作出反应，以便对其进行科学管理。

　　除了进行品种改良外，还把高技术用于建设海洋农牧场中。建立人工鱼礁便是一例。它是为鱼类建立舒适的家，以吸引更多鱼类到这里来栖息繁衍。人工鱼礁就是把石块、水泥块、废旧车辆、废旧轮胎等以各种方式堆放在海底，以造成海洋生物喜欢的环境，微小的海洋生物和海藻会附着在它上面，为鱼类提供丰富的饵料。另外，突出于海底的人工鱼礁，会使海水从底部流向上层，把海底营养丰富的海水带上来增加其肥性，以吸引鱼儿的到来。

河流

如同其他的自然现象，河流也同样具有其独特的发育过程及有限的生命周期，而老年期的河流借着回春作用可以重复其发育过程，形成侵蚀轮回。河流对人类非常重要，曾是主要的交通干线。

今日的河流如果够宽够深，能行驶大船只，则仍是主要的交通干线。许多河流都筑有水坝，可以用来发电、灌溉，瀑布也可以利用落差来发电。

河流各部分名称

河流的源头通常在山里，汇集了小的泉源，渐渐地有流水加入这行列或从地表渗透进河道。河流有其河道，河道底部称为河床，两侧称为岸。当我们向下游看时，河道的左边称为左岸，右边称为右岸。一条河流和其支流合称为一个河系，整个河系包括的区域称作一个流域。河川的大小和流量，与积水区的大小和雨量有关。分隔两个河系的山岭称为分水岭。

▼ 蜿蜒的河流

河流的流路

河流的流路大致可分为三段：即上游、中游和下游。

上游

上游的坡称为坡降，坡度比较陡，流速很急，坡的下降比例常超过每千米50米，即每千米下降9.3米。坡在上游被侵蚀得很快，两岸都很陡，有时几乎达到垂直的角度。河流的搬运能力较强，能够搬运大量的砂石，有时还能搬运相当大而且重的岩石，并且不断地磨蚀河床。同时也因为流速较快，容易把河道侵蚀成小沟或峡谷。

中游

中游部分河流已流至较低处，坡度也较平缓，大致每千米下降0.4～1.9米。流速减慢，渐渐地无法搬运重的东西，只好堆积在河道上，因此在中游部分的河床上常有砾石堆积。河流的磨蚀力量也减少许多，两岸比较平缓，河谷渐渐宽广。

下游

下游和中游部分情形相似，只是流速更慢，堆积的淤泥渐渐提高河床高度，坡降每千米下降不到20厘米，河水常常溢出河道，造成平原洪患。

黄河

　　黄河是我国第二大河流，发源于青藏高原巴颜喀拉山山麓的卡日曲，向东流经青海、四川、甘肃、宁夏、内蒙古、陕西、山西、河南、山东共9个省区，在山东北部注入渤海，全长5464千米，流域面积75.24万平方千米。

　　黄河因河水泥沙含量高而使水色浑黄。黄河的疏沙量平均每年高达16亿吨。如果将这些泥沙堆成高1米、宽1米的土墙，能绕地球27圈。而淤积在黄河下游的泥沙每年约有4亿吨，致使下游河道成为高出两岸的"地上河"。

奔腾的黄河 ▶

尼罗河

　　尼罗河是世界第一长河，源于非洲东北部布隆迪高原，流经卢旺达、布隆迪、坦桑尼亚、肯尼亚、乌干达、扎伊尔、苏丹、埃塞俄比亚和埃及9个国家，全长6671千米，最终注入地中海，是世界上流经国家最多的国际性河流之一。

　　"尼罗河"一词最早出现于2000多年前。关于它的来源有两种说法：一是来源于拉丁语"尼罗"（nile），意思是"不可能"。因为尼罗河中下游地区很早以前就有人居住，但是由于瀑布的阻隔，使得中下游地区的人们认为要了解河源是不可能的，故名尼罗河。二是认为"尼罗河"一词是由古埃及法老（国王）尼罗斯（nilus）的名字演化来的。

密西西比河

密西西比河是世界第四大河，发源于美国明尼苏达州西北部艾塔斯卡湖，向南注入墨西哥湾，全长3765千米。

"密西西比"是英文mississippi的音译，来源于印第安人阿耳冈昆族语言，"密西"(misi)和"西比"(sipi)分别是"大、老"和"水"的意思，"密西西比"即"大河"或"老人河"，是北美洲流程最长、流域面积最广、水量最大的水系。

密西西比河上游风光

密西西比河是南北航运的大动脉，它的干支流大多流经平原地区，水量丰富，河道平缓。每年的货运量相当于美国内河货运量的三分之二。经过运河，可与五大湖水系相连；河口处的新奥尔良港与墨西哥湾沿岸水道相通。因此人们称密西西比河为"内河交通的大动脉"。

多瑙河

相传古代有个名叫多瑙伊万的英雄，他娶了女英雄娜塔莎为妻。结婚筵席上，得意忘形的多瑙伊万自夸是基辅最勇敢最有本事的人，并强行要与妻子比箭，结果妻子娜塔莎略胜一筹。多瑙伊万恼羞成怒，一箭把妻子射死，随即又痛悔莫及而自杀，他的血便流成了今日的多瑙河。

▲ 夜色中的多瑙河

多瑙河（danube，我国《元史·速不台传》译为"秃纳河"）是欧洲第二大河，流经中欧和东南欧众多国家，是一条著名的国际河流。欧洲各国对该河的称呼各不相同，但均源自多瑙河上游凯特人语言"danus"一词，意为"潮湿"。

▼ 多瑙河流经匈牙利首都布达佩斯

世界的桥梁———
巴拿马运河

"巴拿马运河是世界的桥梁"，这句话一点儿都不过分——巴拿马地峡把西半球的两块大陆南美洲和北美洲连接起来，巴拿马运河又将地球的两大海洋太平洋和大西洋沟通起来。

1904年美国开始开凿巴拿马运河，1914年运河工程竣工，第二年正式通航。这条船闸式运河长81.3千米。1971年扩建后河宽152.4～304米，水深14.3米，可通航4.5万吨以下的船只，使来往于两洋间的船只不必再绕道麦哲伦海峡，航程缩短了1万多千米，成为20世纪最重要的国际水道之一。

在此期间有近7万劳工丧失了生命，巴拿马人因此又称运河为"死亡河岸"。

为收回运河主权，巴拿马人民进行了近一个世纪的斗争，终于在1999年12月31日12时完全收回运河主权。巴拿马运河将永远保持中立，一律平等地向各国和平通过的船只开放。

▲ 巴拿马运河的一部分

湖泊

当飞机飞翔在高空中的时候，人们会发现地球上一个个湖泊像一面面反光的镜子镶嵌在大地上。湖泊是地球上天然的"蓄水池"，是人类最为宝贵的水资源。因为湖泊当中通常盛产鱼虾，并且周围的土地质量较好，所以村庄经常是依山傍水而建的。

贝加尔湖

"贝加尔湖"是英文"baykal"一词的音译，俄语称之为"baukaji"，是由蒙古语"saii"（富饶的）加"kyji"（湖泊）转化而来，意为"富饶的湖泊"，因湖中盛产多种鱼类而得名。根据布里亚特人的传说，贝加尔湖称为"贝加尔达拉伊"，意为"自然的海"。

贝加尔湖是世界上最深和蓄水量最大的淡水湖，位于西伯利亚高原南部。它是由地壳运动引起的地层断裂陷落而形成的典型构造湖，湖岸平直而狭长，岸坡陡峻，深度较大，最深处达1620米。这个深度是什么概念呢？有人计算过，将波罗的海的海水全部排干，再将贝加尔湖的湖水注入，则波罗的

海的水位将比原来还高，海滨不少地方将沦为水域。

2100多年前，汉武帝击败匈奴，然后派苏武出使匈奴以商谈和约。匈奴单于将苏武流放到"北海"去牧羊，他在北海边艰难熬过19年，拒绝了匈奴的多次高官利诱，最后回到汉都长安。这就是流传千百年的"苏武牧羊"的佳话。

我国传说中，苏武牧羊的"北海"并非大海，而是今天的贝加尔湖。我国汉代称之为"柏海"，元代称之为"菊海"，18世纪初的《异域录》称之为"柏海儿湖"，《大清一统志》称为"白哈儿湖"。蒙古人称之为"达赖诺尔"，意为"圣海"，早期沙俄殖民者亦称之为"圣海"。

贝加尔湖渔业资源丰富，素有"富湖"之称。湖中有植物600种，水生动物1200种，其中四分之三为特有物种，如贝加尔海豹等。

瀑布

瀑布在地质学上叫跌水，即河水在流经断层、凹陷等地区时垂直地跌落。

黄果树大瀑布

黄果树大瀑布宽81米，落差74米，是中国第一大瀑布，也是世界最阔大壮观的瀑布之一。黄果树大瀑布坐落在珠江水系北盘江支流打帮河上游的白水河上。白水河自70多米高的悬崖绝壁上飞流直泻犀牛潭中，发出震天巨响，5千米之外即闻其声，如千人击鼓，万马奔腾，使游人惊心动魄。

黄果树瀑布的水，随季节变换出种种迷人奇观。冬春季节水小时，瀑布铺展在整个崖壁上，不失其"阔而大"的气势，游人赞美它如银丝飘洒，豪放不失秀美；秋夏水大时，如银河倾泻，奔腾浩荡，势不可挡。瀑布激起的水雾，飞溅100多米高，飘洒在黄果树街上，又有"银雨洒金街"的美称。

尼亚加拉大瀑布

举世闻名的尼亚加拉瀑布位于加拿大和美国交界的尼亚加拉河上。它号称世界七大奇景之一，丰沛而浩瀚的水汽，震撼了所有前来观赏的游人。尼亚加拉河仅长56千米，上接海拔174米的伊利湖，下注海拔75米的安大略湖。这99米的落差，使水流湍急，加上两湖之间横亘一道石灰岩断崖，水量丰富的尼亚加拉河经此，骤然陡落，水势澎湃，声震如雷。瀑布中间被河中长形小岛戈特岛分开，形成一大一小两个瀑布。

大瀑布因其外表形成一个马蹄状而称马蹄瀑布。马蹄瀑布宽793米，落差49.4米。水声震耳欲聋，水汽既浩翰又高耸。当阳光灿烂时，大瀑布的水花便会升起一座七色彩虹。冬天时，瀑布表面会结一层薄薄的冰，那时，瀑布便会寂静下来。

小瀑布因其极为宽广细致，很像新娘的婚纱，又称婚纱瀑布。婚纱瀑布宽305米，落差50.9米。由于湖底是凹凸不平的岩石，因此水流

呈漩涡状落下，与垂直而下的大瀑布大异其趣。

地球是我们人类生活的家园，这里的风霜雨雪，一花一草都与我们的生活有着密切的联系。

奇幻自然

地 球 与 人

地球的自转与公转

我们生活的地球好比一只陀螺，它绕着自转轴不停地旋转，每转一周就是一天。自转产生了昼夜交替的现象，朝着太阳的一面是白天，背着太阳的一面是夜晚。当我们中国是白天的时候，处在地球另一侧的美国正好是夜晚；地球自转的方向是自西向东的，所以我们看到日月星辰从东方升起逐渐向西方降落。

地球不但自转，同时也围绕太阳公转。地球公转的轨道是椭圆的，公转轨道的长半径为149，597，870千米，轨道的偏心率约为0.0167，公转一周为一年，公转平均速度为每秒29.79千米，公转轨道面与赤道面的交角约为23°27′，且存在周期性变化。

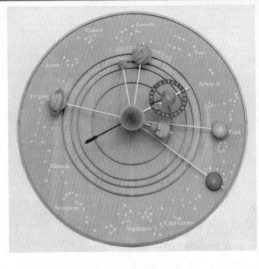

▲ 地球公转模型

地球自转和公转运动的结合产生了地球上的昼夜交替、四季变化和五带（热带、南北温带和南北寒带）的区分。

由于地球自转轴与公转轨道平面斜交成约66°33′的倾角，因此，在地球绕太阳公转的一年中，有时地球北半球倾向太阳，有时南半球倾向太阳。总之，太阳的直射点总是在南北回归线之间移动，于是产生了昼夜长短的变化和四季的交替。

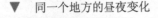

▼ 同一个地方的昼夜变化

地球的四季

在天文学中，四季分别以春分、夏至、秋分、冬至开始，但这样划分的季节，不能完全反映出各个地方每个季节的变化特征。候温划分法用候（5天为一候）平均气温来划分四季：候平均气温低于10℃时为冬季，候平均气温高于22℃时为夏季，候平均气温在10℃～22℃时为春、秋季。

春分、夏至、秋分、冬至是二十四节气中十二个"中"气里的4个最重要的"中"气。《月令七十二候集解》对这4个"中"气有详细阐述。

春分

阳历每年3月20日或21日，太阳到达黄经0°时开始。全国各地进入春播忙季，越冬作物拔节孕穗，并加速生长。我国的华中地区还流传着这样一句谚语："春分麦起身，一刻值千金。"

夏至

大约在阳历每年6月21日或22日，太阳到达黄经90°时开始。这时太阳光直射的纬度最北，约为北纬23°26′，所以在北半球中纬地区此日白昼最长，黑夜最短。随后太阳光直射位置向南移动，白昼逐渐变短，黑夜逐渐变长。天文学上规定夏至为北半球夏季的开始。

秋分

阳历每年9月22日或23日，太阳到达黄经180°时开始。这一天同春分一样，太阳光直射赤道，地球上各地昼夜等长。随后太阳光直射位置向南移动，北半球逐渐昼短夜长。天文学上规定秋分为北半球秋季的开始。

▲ 秋天美丽的景色

冬至

阳历每年12月21日或22日，太阳到达黄经270°时开始。北半球中纬度地区，白昼最短，黑夜最长。随后随着太阳光直射位置向北移动，白昼逐渐加长，黑夜逐渐缩短。天文学上规定冬至是北半球冬季的开始。

中国的二十四节气

立春：2月4日前后，此时太阳达黄经315°，谓春季开始之节气。

雨水：2月18日前后，太阳移至黄经330°。此时冬去春来，气温开始回升，空气湿度不断增大，但冷空气活动仍十分频繁。

惊蛰：3月5日（6日），太阳移至黄经345°。指的是冬天蛰伏土中的冬眠生物开始活动。惊蛰前后乍寒乍暖，气温和风的变化都较大。

春分：每年的3月21日（或22日），太阳移至黄经0°，阳光直照赤道，昼夜几乎等长。我国广大地区越冬作物将进入春季生长阶段。

清明：每年4月5日前后，太阳移至黄经15°。气温回升，天气逐渐转暖。

谷雨：4月20日前后，太阳移至黄经30°。雨水增多，利于谷类生长。

立夏：5月5日或6日，此时夏季开始，万物生长，欣欣向荣。

小满：5月20日或21日交"小满"。麦类等夏熟作物此时颗粒开始饱满，但未成熟。

芒种：6月6日前后，此时太阳移至黄经75°。麦类等有芒作物已经成熟，可以收藏种子。

夏至：6月22日前后，此时太阳移至黄经90°，日光直射北回归线，出现"日北至，日长至，日影短至"，故曰"夏至"。

小暑：7月7日前后，太阳达黄经105°，入暑，标志着我国大部分地区进入炎热季节。

大暑：7月23日前后，此时太阳已达

120°，正值中伏前后。这一时期是我国广大地区一年中最炎热的时期，但也有反常年份，"大暑不热"，雨水偏多。

立秋：8月7日或8日，此时太阳移至黄经135°，草木开始结果，到了收获季节。

处暑：8月23日前后，"处"为结束的意思，至此暑气即将结束，天气将变得凉爽了。由于正值秋收之际，降水十分宝贵。

白露：9月8日前后，太阳移至黄经165°，由于太阳直射点明显南移，各地气温下降很快，天气凉爽，晚上贴近地面的水汽在草木上结成白色露珠，故得名"白露"。

秋分：9月23日前后，太阳移至黄经180°，日光直射点又回到赤道，昼夜等长。

寒露：10月8日前后，太阳移至黄经195°，此时太阳直射点开始向南移动，北半球气温继续下降，天气更冷，露水有森森寒意，故名为"寒露风"。

霜降：10月23日前后为"寒露"，此时太阳达黄经210°。黄河流域初霜期一般在10月下旬，与"霜降"节令相吻合，霜对生长中的农作物危害很大。

立冬：每年11月7日或8日，太阳移至黄经225°时为"立冬"季节。

小雪：11月22日或23日为"小雪"节气。此时太阳达到黄经240°，北方冷空气势力增强，气温迅速下降，降水出现雪花，但此时为初雪阶段，雪量小，次数不多，黄河流域多在"小雪"节气后降雪。

大雪：12月7日前后太阳移至黄经225°时，"大雪"节令开始。此时太阳直射点快接近南回归线，北半球昼短夜长。

冬至：12月22日前后，太阳移至黄经270°时为"冬至"，此时太阳几乎直射南回归线，北半球则形成了"日南至、日短至、日影长至"，成为一年中白昼最短的一天。冬至以后北半球白昼渐长，气温持续下降，并进入年气温最低的"三九"。

小寒：在1月5日或7日之间，太阳位于黄经285°时为"小寒"。小寒标志着开始进入一年中最寒冷的日子。

大寒：1月20日前后太阳到达黄经300°时为大寒。大寒是中国大部分地区一年中的最冷时期。

日界线

    日界线又称国际日期变更线，是地球表面上邻近经度180°子午线的一条规定的日期变更线，方向有东西之别，时间有先后之差。假如有一块地势平坦、面积足够大的地方，它的东部地区总是比西部地区先看到日出，也就是说在同一瞬间，东部地区的地方时比西部地区要早一些。

    在地面上各地方或一定区域内活动的人们，应用地方时来安排生活和学习，不会有不方便的地方，但对于那么多乘轮船或飞机横越经线的人们的生活就有诸多不便。为了消除这些麻烦，1884年，国际子午线会议决定采用180°经线为日期变更线。考虑界线附近的国家或区域使用两个日期有些不方便，于是决定使日界线绕过一些岛屿和海峡，成折线形状在海洋上通过。

    日界线从北极开始，沿180°经线，曲折通过白令海峡，绕过阿留申群岛西边、萨摩亚、斐济、汤加等群岛之间，经过新西兰东边，继续沿180°经线到南极结束。日界线两侧的日期不同。当自东向西越过日界线后，日期应增加1天，例如：2013年12月31日自东向西越过日界线，日期要改成2014年1月1日。当自西向东越过日界线后，日期应减少一天，如果2014年1月1日自西向东越过日界线，日期应改成2013年12月31日。

时区

　　按经线划分，在相隔15°的两条经线范围内，统一使用通过该区域中央子午线的民用时，这种区域称为时区。时区是1884年制定并开始实行的。

　　1884年以前，由于没有统一的时间及换法规律，所以各国都各行其"时"，这给地区及国际间的往来带来很多不便。1884年制定时区以后，规定以通过格林尼治的零子午线为中央子午线，东西经度各7.5°的区域为零时区。自零时区东边子午线起，向东每隔15°为一时区，这样把全球共分为24个时区。时区也可以自零时区向东和向西分别计数，即东12时区和西12时区，东12时区事实上就是西12时区。

　　由于地球自西向东旋转，东边时区的时刻比相邻的西边时区早1小时，各时区中统一的时刻与格林尼治时刻相差都是整时数。时区的分界在实用上常根据子午线附近的行政区域或自然特征，如国界、省界、县界、河流、山脉来划分。

▲　世界主要时区时钟

▼　英国格林尼治天文台。格林尼治天文台时间被规定为世界标准时

气象观测

气象观测主要是对气象要素和大气现象观测两种。地面气象观测包括云、能见度、天气现象、湿度、温度、气压、风、降水、蒸发、日照等项目；高空气象观测包括高空风向、风速、气压、温度、湿度等项目。

配合专业工作的需要，有农业气象观测、林业气象观测、航空气象观测、城市气象观测和船舶气象观测等。随着无线电电子学、遥感技术、空间技术和其他新技术的发展，气象观测工具也随之发展，因而有采用雷达、激光、火箭和卫星等进行的更专门的气象观测。

探空气球和无线电探空仪

气象观测是气象工作的基础，根据观测资料就可对天气和气候进行分析、研究，并为国防和国民经济建设服务。由于观测时间的不同，又分为定时气象观测和不定时气象观测。

冰雹	晴	多云	阴	小到中雨	阵雨
大雨暴雨	雨夹雪	小雪	中雪	大雪	雨转晴
雷雨	雾	霜冻	冷空气前锋	暖空气前锋	台风及其中心

气温的日变化和年变化

大气的温度在一昼夜内有一个最高值（日最高气温）和一个最低值（日最低气温）。一天内，最高气温与最低气温的差值，称为气温日较差。

最高气温一般出现在14时（地方时、下同）左右，最低气温一般出现在凌晨。气温在一年中也有一个最高值和一个最低值。在中、高纬度地区，最高值一般出现在7月（沿海8月），最低值出现在1月。

如果某地一日之中，最高气温与最低气温的差值大，即日较差大，说明该地气温的日变化大；如果某地一年之中的最高气温与最低气温的差值大，即气温年较差大，说明该地气温的年变化大。

天气预报是这样做出来的

当我们在观看电视台天气预报节目的时候，看着节目主持人三言两语就把未来两天的天气娓娓道出，显得轻松自如。其实，这短短几分钟的节目却是高科技和人类劳动的共同结晶。

▲ 晴朗的海滩

▲ 风云一号气象卫星

▲ 风云二号气象卫星

气象站观测的数据是天气预报的基础，气象站越多，预报越准确。为此，全世界建立了成千上万个气象站，配置了各种天气雷达，并在太空布设了多颗气象卫星，组成全球大气监测网。这个监测网每天在规定的时间里同时进行观测，从地面到高空，从陆地到海洋，全方位、多层次地观测大气变化，并将观测数据迅速汇集到各国国家气象中心，然后转发世界各地。

天气预报的方法有很多，最常用的有两种：

一种是传统的天气学方法

就是将同一时刻同一层次的气象数据填绘在一张特制的图上，这张图称为天气图。经过对天气图上的各种气象要素进行分析，预报员就可以了解当前天气系统的分布和结构，判断天气系统与具体天气（如雨、风、雾等）的联系及其未来演变情况，从而作出各地的天气预报。现在天气图的绘制和分析都由计算机来完成。

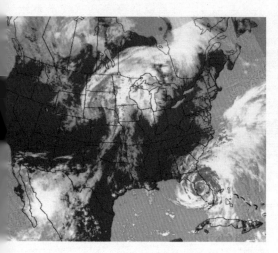

▲ 天气预报节目中的卫星云图

▲ 一个多云的天气

135

另一种是数值预报方法

它是随着计算机技术的进步而逐步发展起来的，它作出的天气预报是靠计算机"算出来"的。由于大气的运动遵循一些已知的物理定律，根据这些定律，可以将大气运动状态写成一组偏微分方程，只要给出初值（大气的当前状况），就可以求解出方程组随时间变化的变量值，据此得到大气的未来状况。求解方程的过程极其复杂，要求在规定的时间里处理大量的气象数据，即使最简化的大气方程也必须在高速计算机上进行运算。

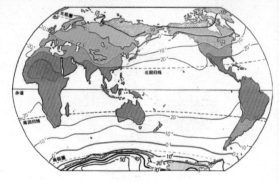

▲ 全球气温图

气温

气象学上把表示空气冷热程度的物理量称之为空气温度，简称气温，国际上标准的气温度量单位是摄氏度(℃)。

公众天气预报中所说的气温，是在植有草皮的观测场中离地面1.5米高的百叶箱中的温度表上测得的，由于温度表保持了良好的通风性并避免了阳光直接照射，因而具有较好的代表性。

在夏日炎炎的午后，在交通繁忙的水泥路面，在空无遮挡的阳台上等小环境的气温要比百叶箱气温高得多，这就是为什么部分人感觉到实际气温与播报的气温不相符的原因。

▲ 被云层覆盖的地球

无论是天气学方法，还是数值预报方法，或者是其他预报方法，都存在一定的局限性，预报结论也不尽相同。因此，当天气情况比较复杂，或者灾害性天气来临前，预报专家们就要进行天气会商，甚至还与外地、外国的专家交换意见，在各抒己见、充分讨论的基础上，得出比较可靠的预报意见。预报员作出预报后，及时发送给电视节目制作单位进行制作，这才有节目主持人"指点江山话风云"的那份潇洒和自信。

▲ 安置有温度、湿度仪器的百叶箱

气象要素

气象要素是表明大气物理状态、物理现象的各项要素。主要有：气温、气压、风、湿度、云、降水以及各种天气现象。扩大气象要素的概念，它还可包括日射特性、大气电特性等大气物理特性；还有自由大气中的气象要素的说法。

气象要素原则上还可以包括无法测定、但可求算的各基本要素的函数，如相当温度、位温和空气密度等。

气温变化与穿衣厚度指数

温度变化	穿衣指数
≤1.5℃	温度明显下降，请您加衣
1.5～4℃	温度有所下降，您可考虑加衣
4～6℃	一件毛衣加薄棉衣或呢外套
6～8℃	毛衣加西装等外套
8～11℃	衬衣加西装或毛衣类
11～14℃	衬衣加马夹或夹克等薄外套
14～18℃	长袖衬衣、长袖T恤为主
18～22℃	短袖或长袖衬衣
≥22℃	短袖为主的炎夏装
≤-9℃	厚毛衣加棉外套
-5～-9℃	毛衣加棉外套
-4.9～4.9℃	穿着厚度可保持不变
5～9℃	温度有所上升，您可考虑减衣
≥9℃	温度明显上升，请您减衣

云的形成

如果我们知道蒸发、升华、凝结、凝华之后，我们就容易理解云是怎样形成的。海洋、湖面、植物表面、土壤里的水分，每时每刻都在蒸发，变成水汽，进入大气层。

含有水汽的湿空气，由于某种原因向上升起。在上升过程中，由于周围空气越来越稀薄，气压越来越低，上升空气体积就要膨胀。膨胀的时候要耗去自身的热量，因此，上升空气的温度要降低。

温度降低了，容纳水汽的本领越来越小，饱和水汽压减小，上升空气里的水汽很快达到饱和状态。温度再降低，多余的水汽就附在空气里悬浮的凝结核上，成为小水滴。如果温度比0℃低，多余的水汽就凝华成为冰晶或过冷却水滴。它们集中在一起，受上升气流的支托，飘浮在空中，成为我们能见到的云。

云有哪些类型

云按照高度分类通常可分为四大类型：即高云、中云、低云和直展云。高云的云层高度在6000米以上，通常又分为卷云、卷层云、卷积云；中云的云层高度在2500～6000米之间，一般分为高层云和高积云。

低云云层高度低于2500米，又分为层积云、层云和雨层云；直展云云层高度低于2500米，有积云和积雨云之分。

积雨云：云浓而厚，云体庞大如耸立高山，顶部开始冻结，轮廓模糊，有的有毛丝般纤维结构，底部十分阴暗，常有雨幡、碎雨云。

风的形成

地球上任何地方都在吸收太阳的热量，但是由于地面每个部位受热的不均匀性，空气的冷暖程度就不一样。于是，暖空气膨胀变轻后上升；冷空气冷却变重后下降，这样冷暖空气便产生流动，形成了风。

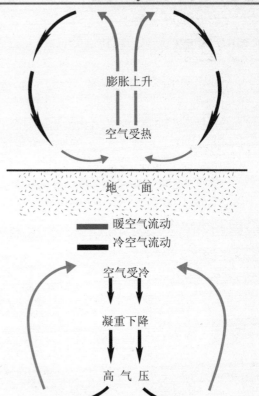

膨胀上升

空气受热

地　面

—— 暖空气流动
—— 冷空气流动

空气受冷

凝重下降

高 气 压

地　面

▲　在飓风中摇曳的棕榈树

在气象上，风常指空气的水平运动，并用风向、风速（或风力）来表示。风向指风的来向，一般用16个方位或360°来表示。

扬沙与浮尘

扬沙、沙尘暴与浮尘：扬沙与沙尘暴都是由于本地或附近尘沙被风吹起而造成的。其共同特点是能见度明显下降，出现时天空混浊，一片黄色。

两者大多在冷空气过境或雷雨、飑线影响时出现，北方都是在春季容易出现。所不同的是扬沙天气风较大，影响的能见度在1千米到10千米之间；而沙尘暴风很大，能见度小于1千米。

浮尘是由于远地或本地产生沙尘暴或扬沙后，尘沙等细粒浮游空中而形成，俗称"落黄沙"。出现时远方物体呈土黄色，太阳呈苍白色或淡黄色，能见度小于10千米，大致出现在冷空气过境前后。

▼　扬沙天气

沙尘暴

　　沙尘暴也称沙暴或尘暴，指的是强风将地面尘沙吹起使空气很混浊，水平能见度小于1千米的天气现象。出现时，黄沙滚滚，昏天暗日。

　　冬春季在沙漠地区午后和长期缺雨的干松土地上常见。全球有四大沙尘暴高发区：中亚、北美、中非和澳大利亚。中国西北地区是中亚沙尘暴高发区的组成部分，其中不少地区每年沙尘暴日数达30天以上。

　　近年来，我国西北地区沙尘暴呈加重趋势，并危及到我国北方大部地区，带来了诸如土地荒漠化、环境恶化等一系列问题。

海风和陆风

　　由于固体相对于液体具有热得快冷得也快的性质，所以，即使吸收同样的太阳热量，陆地和海洋变暖的速度也不一样。

　　白天陆地吸收太阳的热量较快，使周围的空气迅速受热上升，于是海洋上的冷空气便流入进来，形成海风。到了晚上，陆地又迅速散热，使周围的空气很快变冷。于是冷却后的空气便流入海洋，填补海洋上空升起的暖空气，形成陆风。

▲ 龙卷风

季风

在空气对流中，具有大的规模并根据季节变换而改变风向的风，被称为季风。季风可分为冬季风和夏季风。

▲　由季风气候引起的洪水

台风与热带风暴

在热带洋面上生成发展的低气压系统称为热带气旋。国际上以其中心附近的最大风力来确定强度并进行分类：

强烈的热带气旋伴有狂风暴雨，掀起巨浪，引发风暴潮。随着它的移动和登陆，给所经洋面上的船只和陆地上的农田、房屋等造成极大的破坏。

▲　台风来临时的景象

龙卷风

　　龙卷风也称龙卷,是一种破坏力最强的小尺度风暴,系自积雨云中下伸的漏斗状云体。

　　龙卷漏斗云的轴一般是垂直于地面的,在发展的后期,当上下层风速相差较大时,可成倾斜状或弯曲状。其下部直径最小的只有几米,一般为数百米,最大可达千米以上;上部直径一般为数千米,最大可达10千米。龙卷的尺度很小,中心气压很低,造成很大的水平气压梯度,从而导致强烈的风速,一般估计为50～150米/秒,最大可达200米/秒。

　　由于气流的旋转力很强,常将地面的水、尘土、泥沙挟卷而起,其破坏力变动范围很大。弱时仅能卷起稻草捆或衣物,强时可拔树倒屋,甚至把人、畜一并卷起;经过水面时可吸水上升如柱(这时称水龙卷),所以龙卷范围虽小,但造成的灾情却很严重。

降水

降水是云中的水分以液态或固态的形式降落到地面的现象。它包括雨、雪、雨夹雪、米雪、霜、冰雹、冰粒和冰针等降水形式。

形成降水的条件有3个：一是要有充足的水汽；二是要使气块能够抬升并冷却凝结；三是要有较多的凝结核。降雨的强度可划分为小雨、中雨、大雨、暴雨、大暴雨和特大暴雨等。同样，降雪的强度也可按每12小时或24小时的降水量划分为小雪(包括阵雪)、中雪、大雪和暴雪几个等级。

人工降雨

用人为的方法，增加云中的冰晶或使云中的冰晶和水滴增大而形成降水。目前人工降雨是一种用飞机把冷却剂（干冰或其他化学药剂）撒播到云中，使云内温度显著下降，使细小的水滴冰晶迅速增多加大，迫使它下降形成降水。

另一种是在云中撒播吸湿性强的凝结核（如食盐、氯化钙等），使云滴增大为雨滴降落下来；还有利用土炮、土箭向云层轰击产生强大的冲击波，使云滴与云滴发生碰撞，合并增大成雨滴降落下来。

不论用哪种方法进行人工降雨，云的存在是首要条件，这是内因；向云中输送催化剂则是外因，外因必须通过内因才能起作用。所以人工降雨有一定的局限性。

雷雨的产生

在夏季晴朗的日子里，当某地区存在暖湿气流时，便会产生对流运动。暖湿气流从地面升起，因遇热达到过饱和而凝结成云。

在下降气流控制的地方，空气遇热增温，空气相对湿度较小，云无法产生，于是便形成了一朵朵顶部凸出、底部平坦像馒头一样的淡积云。若对流继续发展，由于上升气流的中部比周围强，于是便形成了像山峦或宝塔那样的浓积云和更加庞大的犹如巍巍高山的积雨云了。

在积雨云中，冰晶之间的互相碰撞、摩擦和发热，使冰晶破碎和分离，于是热的一方带负电，向云顶积结；冷的一方带正电，向云底靠拢。云层底部的正电荷区会在地面上感应出负电荷区，云中的电荷分离作用愈强烈，云底与地面之间的电位差就愈大。当大到一定程度时，就会发生击穿空气的放电现象，造成闪电和雷鸣，形成雷雨。

在这样高的温度下，不仅空气本身会很快地膨胀，而且云滴和雨水也会急剧汽化，所以我们会看到闪电。同时在闪电的通路上，空气由于突然受热而迅速膨胀，闪电一过又很快地冷却收缩，膨胀和收缩速度竟可达1000米/秒以上。这样一胀一缩，空气便会发生剧烈的振动，产生爆裂声，即雷鸣。

闪电和雷鸣

在发生空气放电的瞬间，云层底部与地面之间会达到每平方厘米千伏以上的高压，空气温度会骤然达到10000℃，甚至20000℃。

虹

以太阳为光源时所产生的一种雨幕上出现的彩色光带，简称虹。

色带排列内紫外红（若色带排列内红外紫，则叫霓或称副虹）。虹出现在东边，预示天气转晴；出现在西边，预示雨幕来临，所以有"东虹日头西虹雨"的说法。

霜与霜冻

较强的冷空气活动过后，往往会出现霜冻的危害。霜是靠近地表空气层温度达0℃以下时所凝结出来的白色晶体物，它的出现既与温度有关，又与地表的湿度和属性有关。

当有霜出现时，绝大多数植物会受到不同程度的冻害。有时近地面层的气温虽然降到0℃以下，但湿度很小，因而虽然没有霜出现，但却使植物发生了冻害，这种霜冻俗称"黑霜"。因此，出现霜冻时，可能见霜，也可能见不到霜。

▲ 带霜的杨梅

霜的形成

在秋冬季节，由于受寒潮或较冷空气的影响，气温明显下降，地面热量散发迅速。在碧空风微的夜晚到清晨，当物体或作物温度降到0℃以下时，空气中的水蒸气便直接在地面物体或作物上凝华成白色像冰质一样的霜。

雾与霾

雾是大气中因悬浮的水汽凝结，使地面水平能见度低于1千米的天气现象。霾是大量极细微的干尘粒等均匀地浮游在空中，使水平能见度小于10千米的空气混浊现象。雾霾是雾和霾的统称。雾霾的主要组成成分是二氧化硫、氮氧化物和可吸入颗粒物。它们能使大气浑浊，对人身体有害。中国不少地区把雾霾天气作为灾害性天气预警预报，监测的是细颗粒物（PM2.5），也就是直径小于等于2.5微米的污染物颗粒。这种颗粒既是一种污染物，又是重金属、多环芳烃等有毒物质的载体。目前，我国正在出台各种措施治理雾霾天气。

▲ 晨雾

雾与霾的区别

雾与霾是有区别的：雾的水分含量大于90%，霾小于80%，两数之间的是雾霾混合物；雾的能见度小于1千米，霾的最大能见度可达10千米；雾是乳白色、清白色，霾是黄色、橙灰色；雾的边界很清晰，霾与周边环境界限不明显。

露水的形成

在夏季晴朗的早晨，由于气温较低，地面的热量迅速向外辐射，近地面层的空气温度很快降低。当实际温度低于露点温度时，空气中的水蒸气遇到较冷的花草或树叶表面，便会凝结成小水珠，成为露水。

▼ 叶子上的一滴露水

雪

我们看到的从空中飘落下来的雪花一般都是降自雨层云和高层云。云层中的水汽在凝结核的作用下，形成水滴。当云中的温度低于0℃时，水滴便形成了冰晶和雪晶。

这些冰晶一方面随着凝华增长重量加大而下落，一方面又跟随云中水平气流和升降气流以及乱流运动上下左右乱闯，这样，水汽不断在冰晶表面凝结，冰晶不断地成长壮大，最后形成了雪花。

当上升气流不足以承受其重量时，雪花就会一直向下降落，而当冬天里的气温保持在零摄氏度以下时，雪花便能自空中降落到地面。

厄尔尼诺现象

　　厄尔尼诺为西班牙语"El Nino"的音译，是"圣婴"（上帝之子）的意思。现已用来专门指赤道太平洋东部和中部的海表面温度大范围持续异常增暖的现象。

▲　厄尔尼诺现象引起的洪水

西太平洋多雨地区，雨量大幅度减少，造成沿岸地区严重干旱，森林火灾频繁发生

由于太平洋中、东部升温，出现上升气流，而西部暖流降温，上升气流减弱，沃克环流圈东移

东太平洋表层海水温度升高后，产生上升气流，使沿岸地区发生暴雨洪涝灾害

赤道

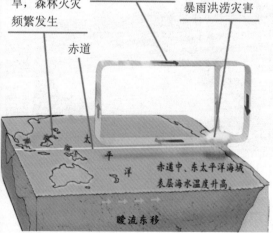

赤道中、东太平洋海域表层海水温度升高

暖流东移

▲　厄尔尼诺现象

▲　厄尔尼诺现象引起的干旱

厄尔尼诺对我国气候的影响

1.厄尔尼诺年,东亚季风减弱,中国夏季主要季风雨带偏南,江淮流域多雨的可能性较大,而北方地区特别是华北到河套一带少雨干旱。拉尼娜年正好相反。

2.在厄尔尼诺年的秋冬季,北方大部分地区降水比常年减少,南方大部分地区降水比常年增多,冬季青藏高原多雪。拉尼娜年的秋冬季我国降水的分布为北多南少型。

3.在厄尔尼诺年我国常常出现暖冬凉夏,特别是我国东北地区由于夏季温度偏低,出现低温冷害的可能性较大。拉尼娜年我国则容易出现冷冬热夏。

4.在西太平洋和南海地区生成及登陆我国的台风个数,厄尔尼诺年比常年少。

厄尔尼诺对全球气候的影响

热带中、东太平洋海温的迅速升高,首先直接导致了中、东太平洋及南美太平洋沿岸国家异常多雨,甚至引起洪涝灾害;也使得热带西太平洋降水减少,造成印度尼西亚、澳大利亚严重干旱。

厄尔尼诺还常常引起非洲东南部和巴西东北部的干旱、加拿大西部和美国北部暖冬以及美国南部冬季潮湿多雨;它与日本及我国东北的夏季低温、日本和我国的降水等也具有一定的相关性。此外,厄尔尼诺常常抑制西太平洋热带风暴生成,但使得东北太平洋飓风增加。

厄尔尼诺是怎样形成的

正常情况下,赤道太平洋海面盛行偏东风(称为信风),大洋东侧表层暖的海水被输送到西太平洋,西太平洋水位不断上升,热量也不断积蓄,使得西部海平面通常比东部偏高40厘米,年平均海温约为29℃。

但是,当某种原因引起信风减弱时,西太平洋暖的海水迅速向东延伸,海温在太平洋西侧下降,东侧上升,形成厄尔尼诺。

▲ 厄尔尼诺现象引起的飓风摧毁了沿海的房屋

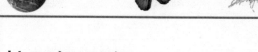
拉尼娜现象

拉尼娜为西班牙语"小女孩"的意思。用以指赤道太平洋东部和中部海表温度大范围持续异常变冷，连续6个月低于常年0.5℃以上的现象。可见，拉尼娜的定义正好与厄尔尼诺相反，所以也被称为"反厄尔尼诺"。

拉尼娜常与厄尔尼诺交替出现，但其发生频率要低于厄尔尼诺。例如：20世纪80年代以来仅发生了3次拉尼娜，是厄尔尼诺发生频率的一半。

拉尼娜与厄尔尼诺的发生机制正好相反。当赤道太平洋信风持续加强时，赤道东太平洋表面暖水被吹走，深层的冷水上翻作为补充，海表温度进一步变冷，从而形成拉尼娜。

拉尼娜对天气气候的影响大致与厄尔尼诺相反，但其影响程度和威力较厄尔尼诺要小。拉尼娜出现时，印度尼西亚、澳大利亚东部、巴西东北部、印度及非洲南部等地降雨偏多，在太平洋东部和中部地区、阿根廷、赤道非洲、美国东南部等地易出现干旱。

拉尼娜年，我国容易出现冷冬热夏，即冬季气温较常年偏低，夏季偏高。另外，在西太平洋和南海地区生成及登陆我国的热带气旋个数，拉尼娜年比常年多。

▼ 拉尼娜现象引起的暴雨延误了航班

气候类型

气候类型是根据地理特点所划分的具有一定特色的气候类别，如极地气候、温带大陆性气候、温带海洋性气候、温带季风气候、亚热带季风和季风性湿润气候、热带沙漠气候、热带草原气候、热带雨林气候、热带季风气候、地中海气候、高山气候。

▶ 受热带草原气候影响的委内瑞拉

盛行风带

地球赤道距太阳较近，阳光直射地面，常年气温较高。在那里，热空气膨胀上升，信风便吹来补充。

上升的热空气流到副热带无风带（北纬30°和南纬30°附近的高压带）后降回地面，于是带来信风和西风。

在靠近两极地区又是一个低压区，在这里，温暖的西风与寒冷的极区气团相遇，空气又上升。盛行风就是这样在地球表面上有规律地吹动着。

冷暖气团

人们把物理性质比较均匀，气温、湿度和天气等相类似的同一块空气称为气团。气团又有冷气团和暖气团之分，气团本身也是变化着的，它形成以后便开始移动。

当它移动到一个新的地区时，就要受那个地区的地面性质和垂直运动等影响而发生物理性质的改变。

▲ 逼近美国佛罗里达州的暖气团

▲ 位于赤道地区的珊瑚礁

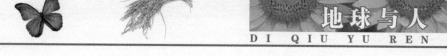

我国的气候类型
热带季风气候

　　热带季风气候是行星风带季节位移和海陆热力差异影响下形成的气候类型。长夏无冬，春秋极短，气温终年很高，年平均气温在20℃以上。盛行风向有明显的季节变化，干、雨季分明。冬季盛行东北风，降水较少，形成干季；夏季盛行来自印度洋的西南风，降水集中，形成雨季。自然植被为热带季雨林。我国云南南部（西双版纳）、广东雷州半岛、台湾南部、海南等地属于热带季风气候。

▲　海南美景

▼　云南西双版纳的茶园

亚热带季风气候

亚热带季风气候也叫"副热带季风气候"，气温季节变化明显，冬季月平均气温0℃以上，夏季月平均气温达28℃以上。冬季盛行来自西北的大陆季风，雨量少。夏季受来自东南的海洋季风影响，雨量集中。初夏冷暖气团交会于此，多锋面雨；盛夏有对流雨；夏秋之交有台风雨。年降水量800毫升以上，无明显干季。我国陕西南部、安徽南部、江苏南部、上海、浙江、江西、湖北、湖南、四川中东部、重庆、云南北部、贵州、广西、广东大部、福建、台湾北部、香港、澳门等地属于亚热带季风气候。

亚热带季风气候的植物是亚热带常绿阔叶林，主要包括木兰科、樟科、山茶科、壳斗科、金缕梅科等树种。

▲ 木兰花

　　亚热带季风气候非常适合作物的生长，水稻、玉米、油菜、茶树、棉花、花生等被广泛种植。

▲　我国产的稻米

153

温带季风气候

　　主要分布在北纬35°～55°的亚欧大陆东岸。因海陆的热力差异，在季节性高压和低压控制下，风向、风力、气温和降水有明显季节变化。冬季受温带大陆气团影响，盛行偏西、偏北风，风力强劲，寒冷干燥，最冷月平均气温在0℃以下。夏季受温带海洋气团或变性热带海洋气团影响，盛行偏东、偏南风，风力较小，暖热多雨，最热月平均气温在20℃以上，集中年降水量（约500～1000毫升）的2/3。全年四季分明，天气多变。自然植被以落叶阔叶林和针阔混交林为主。我国黑龙江、吉林、辽宁、北京、天津、河北、河南、山东、山西、陕西北部、安徽北部、江苏北部等地属于温带季风气候。

长城春景 ▶

▼ 哈尔滨雪景

温带大陆性气候

　　主要分布在南、北纬40°～60°的亚欧大陆和北美大陆内陆地区和南美南部。由于远离海洋，湿润气团难以到达内陆，因而干燥少雨，气候呈极端大陆性，气温年、月较差为各气候类型之最。而且，越趋向大陆中心，就越干旱，气温的年、日较差也越大，植被也由森林过渡到草原、荒漠。气候特征是：冬冷夏热，年温差大，降水集中，四季分明，年降雨量较少，大陆性强。我国内蒙古、新疆、宁夏、甘肃等地属温带大陆性气候。

▶ 辽阔的内蒙古草原

▶ 甘肃月牙泉

▼ 新疆美景

高原山地气候

　　高原山地气候是指受高度和山脉地形的影响所形成的一种地方气候。高大山地，气温随高度增高而降低，气候垂直变化显著，在一定高度内，湿度大、多云雾、降水多；愈向山地上部，风力愈强。气温的年较差小，日较差大。我国青海、西藏、四川西部等地属于高原山地气候。

▲ 唐古拉山下的火车

◀ 初春的布达拉宫

▼ 青海美景

我国气候之最

我国最湿润的地方

台湾省的火烧寮

那里的年平均降水量达6489毫米。

我国年下雨日数最多的地方

四川的峨眉山顶

年平均下雨天数为264天。

我国最干燥的地方

新疆、青海的大沙漠

在有人居住的地方，最干燥少雨的地方是吐鲁番盆地西部的托克逊，年平均降水量只有6.3毫米。

我国最热的地方

新疆的吐鲁番盆地

那里的极端最高气温曾达到49.6℃；最热的7月份平均气温为33℃；最高气温在35℃以上的日数，年平均是100天，而且有40天达到40℃以上，均属全国之最。那里地面的气温更高，经常升到75℃以上。

我国阳光最充足的地方

新疆的星星峡和青海的冷湖

新疆塔里木盆地以东的星星峡年日照时数达3575小时。

青海冷湖的年日照时数也达到了3551小时，比有"日光城"之称的西藏拉萨还多500小时。

▼ 干燥沙漠里的仙人掌

美丽的极光

在地球南北两极附近地区的高空，夜间常会出现灿烂美丽的光辉。有时它像一条彩带，有时它像一团火焰，有时它又像一张五光十色的巨大银幕。它轻盈地飘荡，同时忽暗忽明，发出红的、蓝的、绿的、紫的光芒。静寂的极地由于它的出现骤然显得富有生气。这种壮丽动人的景象就叫作极光。

在太阳创造的诸如光和热等形式的能量中，有一种能量被称为"太阳风"。这是一束可以覆盖地球的强大的带电亚原子颗粒流，该太阳风在地球上空环绕地球流动，以大约每秒400千米的速度撞击地球磁场，磁场使该颗粒流偏向地磁极，从而导致带电颗粒与地球上层大气发生化学反应，形成极光。在南极地区形成的叫南极光。在北极地区同样可看到这一现象，一般称之为北极光。

人们知道极光至少已有2000年了，因此极光一直是许多神话的主题。在中世纪早期，不少人相信，极光是骑马奔驰越过天空的勇士。北极地区的因纽特人认为，极光是神灵为死去的人照亮归天之路而创造出来的。随着科技的进步，极光的奥秘也越来越为我们所知，原来，这美丽的景色是太阳与大气层合作表演出来的作品。

产生极光的原因是来自大气外的高能粒子（电子和质子）撞击高层大气中的原子的作用，这种相互作用常发生在地球磁极周围区域。现在所知，作为太阳风的一部分荷电粒子在到达地球附近时，被地球磁场俘获，并使其朝向磁极下落。

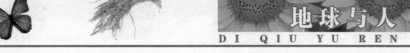
地球环保

地理环境日益恶化、自然资源急剧减少的严峻事实，引起了全世界范围内的关注。各种污染和不科学地利用我们周围的能源和自然资源，使得我们现在的生存环境越来越让人担忧。

人们逐渐认识到，虽然现代化可以带来巨大的财富，但是如果只顾眼前而不注意环境的保护，那么在不久的将来，我们的地球就会成为资源枯竭、环境恶化的"死星"。到那时候，人类的生存就会受到前所未有的威胁。

▲ 向天空中排放废气的烟囱

人类活动对气候的负面影响

二氧化碳增多形成温室效应

由于工厂、交通运输以及家庭等大量燃烧煤、石油等化工燃料，再加上滥伐森林，大气中的二氧化碳浓度逐年增加。二氧化碳能够吸收太阳短波辐射，使它到达地表增加温度；同时它又能吸收地面长波辐射，使气温升高，再以逆辐射形式射向地面，如同温室玻璃一样，起保温作用。

温室效应的产生，使全球气温逐渐升高，两极冰川部分融化，全球海平面升高，危及部分岛屿和大洲沿海低地的安全。

大城市产生热岛效应

大城市中密集的人口和众多的工厂每天产生大量的热，使气温升高；同时，晚间工厂排出的大量烟尘微粒和二氧化碳，如同被子一样阻止城市热量的扩散，致使城市比郊区气温高，如同一个"热岛"矗立在农村较凉的"海洋"上。热岛效应的产生，不仅使人们工作效率降低，而且中暑人数增加，夏季高温导致火灾多发，加剧光化学烟雾的危害。

烟尘增多形成阳伞效应

人类的生产与生活活动，导致大气中的烟尘越来越多。悬浮在大气中的烟尘，一方面将部分太阳辐射反射回宇宙空间，削弱了到达地面的太阳辐射能，使地面接受的太阳能减少；另一方面吸湿性的微尘又作为凝结核，促使周围水汽在它上面凝结，导致低云、雾增多。这种现象类似于遮阳伞，因而称"阳伞效应"。阳伞效应的产生使地面接受的太阳辐射能减少且阴、雾天气增多，影响城市交通。

海洋石油污染形成的油膜效应

人类每年有意或无意地将许多石油倾注到海洋里。这些石油一方面会沾附于海岸，破坏沿海环境；另一方面会形成油膜漂浮在海面上。油膜，特别是大面积的油膜，把海水与空气隔开，如同塑料薄膜一样，抑制了膜下海水的蒸发，使"污区"上空空气干燥；同时导致海洋潜热转移量减少，使海水温度及"污区"上空大气年、日差别变大。油膜效应的产生，使海洋失去调节作用，导致"污区"及周围地区降水减少，"污区"及周围地区天气异常。

▲ 遭受油膜污染的海洋

酸雨的形成以及对人类和环境的危害

当烟囱排放出的二氧化硫酸性气体，或汽车排放出来的氮氧化物烟气上升到空中与水蒸气相遇时，就会形成硫酸和硝酸小滴，使雨水酸化，这时落到地面的雨水就成了酸雨。煤和石油的燃烧是造成酸雨的主要祸首。

酸雨会对环境带来广泛的危害，造成巨大的经济损失，如：腐蚀建筑物和工业设备；破坏露天的文物古迹；损坏植物叶面，导致森林死亡；使湖泊中鱼虾死亡；破坏土壤成分，使农作物减产甚至死亡；饮用酸化物造成的地下水，对人体有害。

臭氧空洞

臭氧空洞指的是因空气污染物质，特别是氧化氮和卤化代烃等气溶胶污染物的扩散、侵蚀而造成大气臭氧层被破坏和减少的现象。

在地球大气圈离地面20～25千米上空，平流层偏下方，聚集着一圈薄薄的臭氧层，它是抗击太阳辐射紫外线、蔽护地球生物圈最有效的"保护伞"。但自从1982年科学家首次在南极洲上空发现臭氧减少这一现象开始，人们又在北极和青藏高原的上空发现了类似的臭氧空洞，而且除热带外，世界各地臭氧都在耗减。

经过跟踪、监测，科学家们找到了臭氧空洞的成因：一种大量用作制冷剂、喷雾剂、发泡剂等化工制剂的氟氯烃是导致臭氧减少的"罪魁祸首"。另外，寒冷也是臭氧层变薄的关键因素，这就是为什么首先在地球南北极最冷地区出现臭氧空洞的原因了。

世界气象组织最近提供的一份观测资料表明，与臭氧空洞尚未出现的1964—1976年相比，南极上空各极点的臭氧层已分别下降了20%～30%，臭氧空洞仍有可能继续扩大，想要使南极臭氧层显著恢复至少需要20年的时间，而需要到2050年臭氧空洞才有望彻底消除。